Little Atelier

Velnica

リトルアトリエ　ヴェルニカ

Fashion Branding Story

Velnica

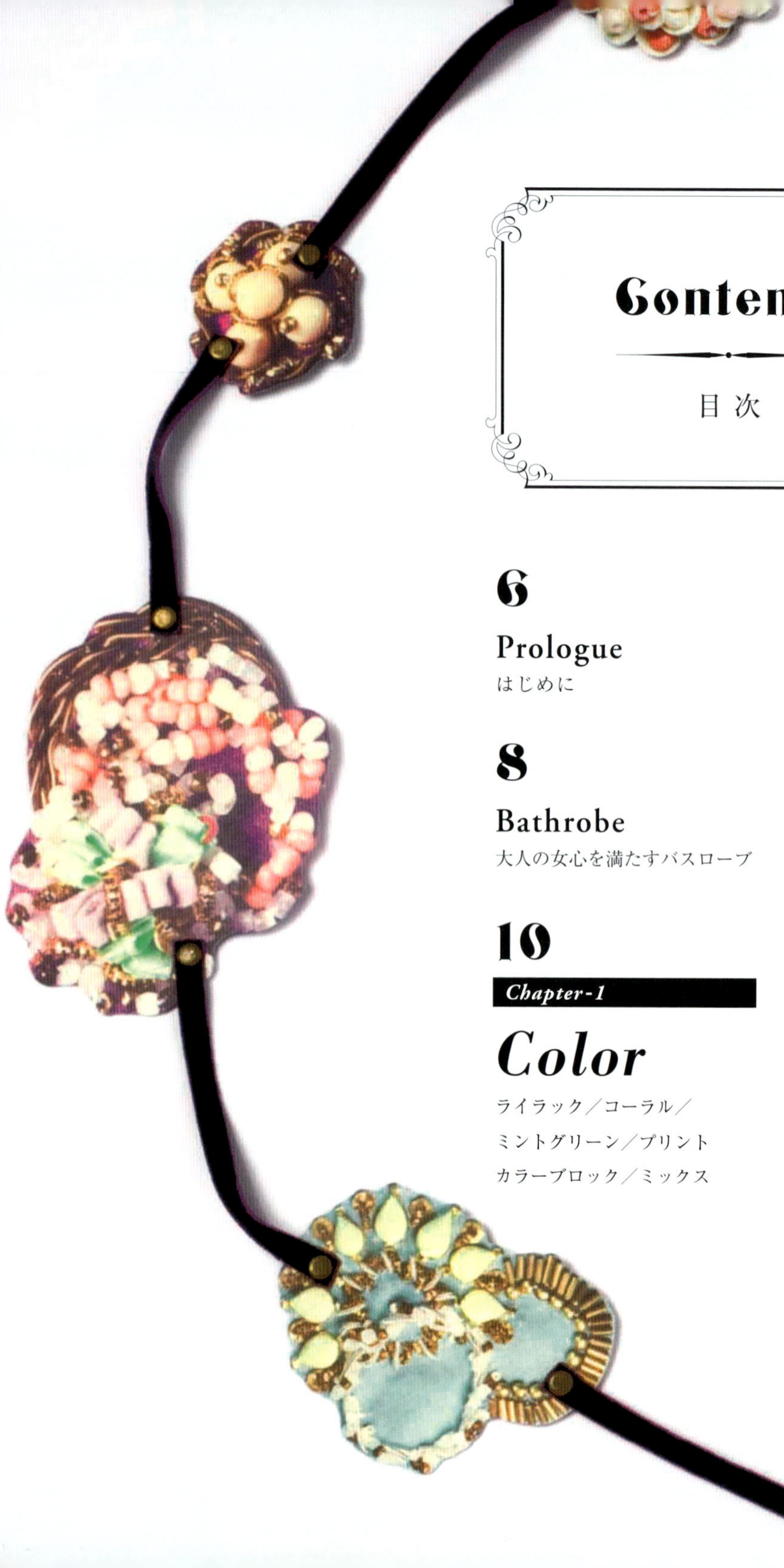

Contents

目次

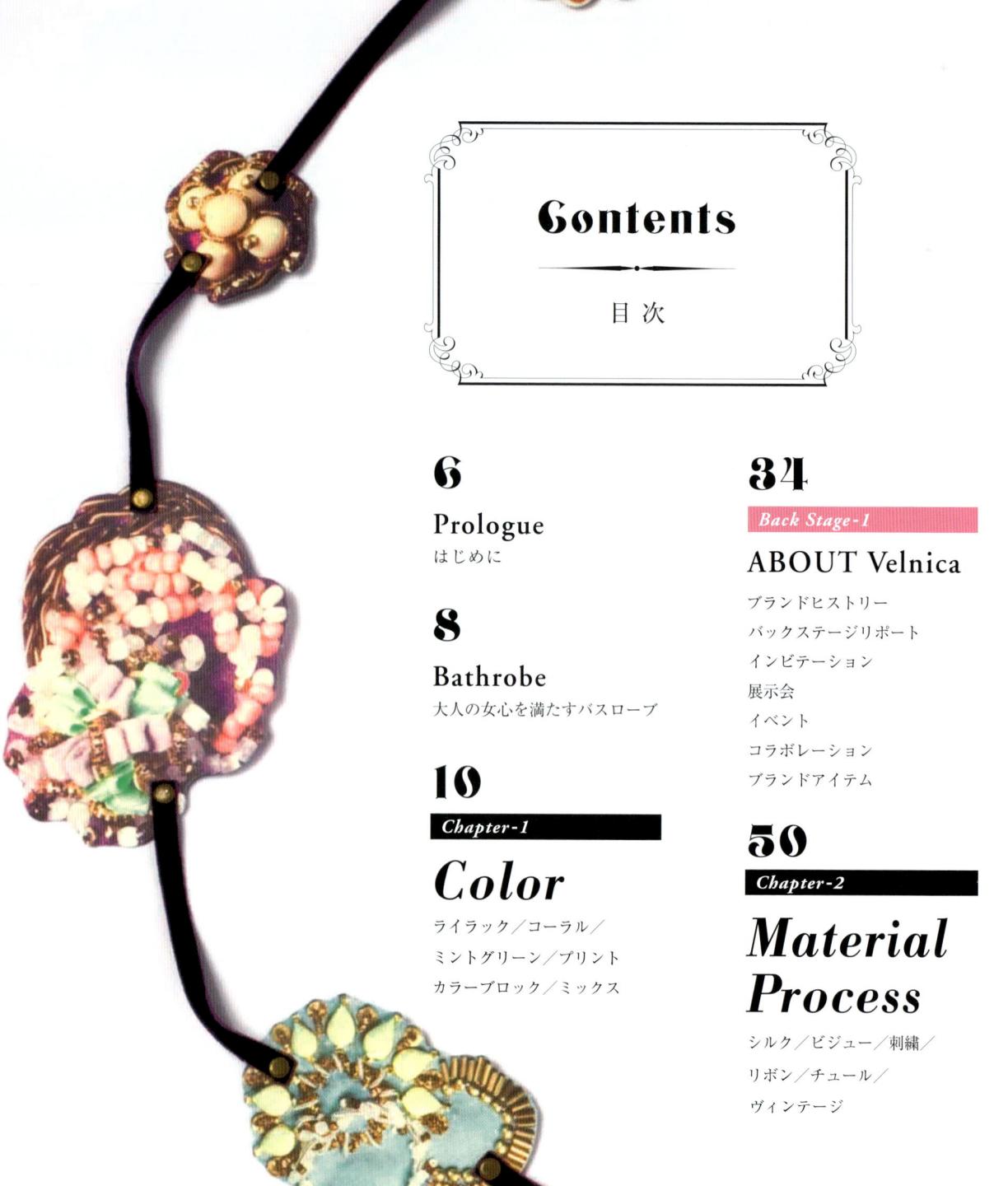

Prologue

はじめに

マンションの小さな一室をアトリエに変え、ブランドを立ち上げたのは今から8年前のこと。
高校の同級生であり、会社の代表であり、ブランドのデザイナーである私たち3人は、それぞれ別の道で積んだキャリアを生かし、30歳という節目に、3人名義の会社を立ち上げました。
アトリエの壁を一面、自分たちでライラック色に塗り替え、【Velnica −ヴェルニカ】の名を刻んだ表札を置いた時の胸の高まりは、今も変わらず私たちの中に鳴り続けています。
Velnicaは、デザインからパターン（型紙）制作、生産工場への指示出し、ビジュアルのディレクションから営業、PRに至るまで、外注の会社を一切挟まず、すべて自分たちの手で作り上げていくオリジナルのスタイルをとっています。
時に困難なこともあるけれど、「こんな世界観、素敵じゃない？ こんな女性像が素敵じゃない？？」と理想や妄想が繰り広げられ、実際に形に変わっていくアトリエでの日々は、毎日たくさんの感動や驚きの魔法がふりそそぐ、幸せに満ちた時間です。
自分のブランドを持つ夢がある方、モノ作りに夢がある方、そしてVelnicaの世界に夢を感じてくださる方。
この本がみなさんの希望の扉が開く、なにかのきっかけになることができたら、とてもとても幸せです。

―― Velnicaデザイナー

Bathrobe

大人の女心を満たすバスローブ

すべてのはじまりは「大人の女心を満たす、バスローブがほしい」という思いからでした。

大人の女性が素肌に袖を通したときに、鏡の前で女性であることの喜びをもう一度感じられるような、品と質と可愛さを兼ね備えたバスローブが、当時30歳を迎え、自分の時間を大切に過ごしたい、と感じるようになった私たちにとって必要な一枚だったのです。

時代はまだルームウェアという選択肢が今よりもずっと少なかった頃。高級ホテルに置いてある触り心地のいいバスローブたちでさえ、ボディに重たくのしかかり、色はホワイトかブラウン系がほとんど……。
着た時に決してかさばらず、動くほどに美しいシルエットで、心躍る色展開があったらどんなにワクワクするだろう！そんな期待を胸に、バスローブをデザインすることからブランドの世界は広がっていきました。

このバスローブシリーズはブランドデビューから今に至るまで、毎回カラーや装飾を新たに発信しつづけ、バスタイムの後に、バカンス先の水着の上に、と女性のプライベートタイムを潤す人気のアイテムとして生き続けています。

── Velnicaデザイナー

Chapter

1

Color

BASIC COLOR & COLOR BLOCK

時代を越えて女性の肌をキレイに魅せる
Velnicaの代表的なカラー

花びらやサンゴ礁のグラデーション、磨き上げられた宝石やステンドガラスからこぼれ落ちる色、着物をはじめとする民族衣装の色彩美……。美しい色には一瞬にして人を引き付ける力があります。

私たちがデザイン時にもっとも想像力を働かせて、こだわり抜いているのがまさにこの‘色出し’。ときに「Velnicaカラー」と表現されるほど、独自の色展開がブランドの特徴となっています。

例えば同じコーラルピンクでもトーンの幅は無限大！　また、掛け合わせる色と色によって、仕上がりの美しさは想像を超える可能性を秘めています。どこの色味で決定するか、何度も何度も調整し理想の色彩へと染め上げていく作業は、Velnicaにとって商品に命を吹き込むような感覚なのです。

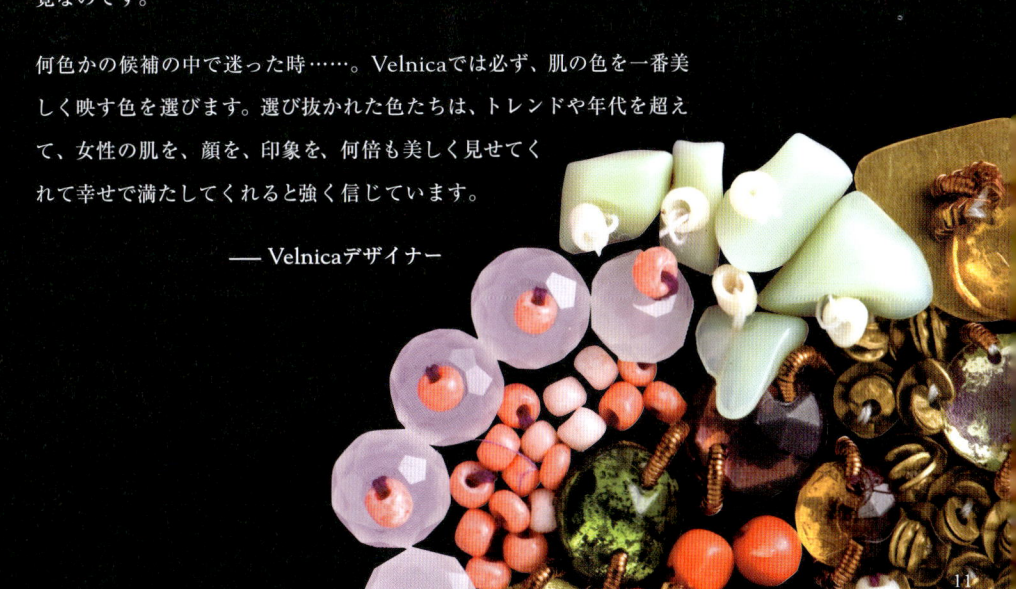

何色かの候補の中で迷った時……。Velnicaでは必ず、肌の色を一番美しく映す色を選びます。選び抜かれた色たちは、トレンドや年代を超えて、女性の肌を、顔を、印象を、何倍も美しく見せてくれて幸せで満たしてくれると強く信じています。

— Velnicaデザイナー

Color *meets* Color

女性の心を潤すVelnicaカラーは、さらにオリジナリティ溢れる色と色の組み合わせによって魅力を発揮する。例えば同じデザインのアイテムでも、Velnicaのカラーマジックで、全く異なる魅力の表情に。
プリント、色の掛け合わせ、ミックス（織り）の世界でも、全ての色をゼロからオリジナルで作っているVelnicaならではの色彩感覚が、私たちを出会ったことのない新しい色の世界へと導いてくれる。

“オリジナルカラーが
生み出す無限大の色合わせ”

BASIC COLOR-1

Lilac

BASIC COLOR-1

Lilac

女性の魅力の全てを
表現するライラック

どこかシークレットでありながら、甘さ、憂い、品、プライド……など、大人の女性の多面的な魅力の全てがつまったライラック。フランスではリラと呼ばれ、その花は素晴らしい季節の到来を意味する。デビュー当時からワンランク上の大人の女性の象徴として、Velnicaのテーマカラーとなっているスペシャルな存在だ。凛とした表情を見せる青味系のパープルから、大人のスウィートさを表現するピンクトーンまで幅広いライラックは、デザインによって毎回調合を変えている。「女性が年齢を重ねるごとに品を増していく尊い色」として今後も追及していきたい一色。

01

03

06

07

02

08

04

05

01. キッズのファーストルームシューズに。02. マルチボーダーで新しいライラックの魅力を。03. ピンクニュアンスのスウィートライラック。04. ピンクライラック×黒でシックな甘さを表現。05. ちょっぴり攻めのライラック。06. 正統派ライラックはあえてガーリーテイストに。07. ライラックにブルー&ミントを加えたマーブル模様。08."色の国"で出会ったモロッコの陶器。

BASIC COLOR-2
Coral

BASIC COLOR-2

Coral

日本人女性の肌を最も美しく魅せるコーラル

夏にふさわしく、旅をイメージさせるスウィートカラー。コーラルのサマードレスは一枚で、どんなシーンでも主役になれる存在感を放つ。デザイナー曰く「肌を最も美しく魅せる色」なのだとか。世の中に存在するピンクに代わる、大人の甘さを全面的にバックアップする役割を果たす。小物も含めて、真っ先に売れていくVelnicaにおいて最も人気のカラーだ。
色の幅が広く、同系色とのグラデーションを楽しめたり、他の代表カラー、ライラックやミントグリーンとの相性もバツグン。シフォンやサテンなど、どの素材においても色が美しくのりやすく、可愛さと品が同時に保てるのは、コーラルの最大の魅力だ。

01

05

07

02

08

03

06

09

04

01.カットワークレースで上品に演出。02.レディなバカンスワンピ。03.ビーズを贅沢に散りばめて。04.キュートなストラップ＆靴ベラ。05.コーラル×ライラック。06.光で魅せる透け色コーラル。07.洋服とオソロイの生地でつくったバングル。08.肌映りが美しい美人ワンピ。09.大人気のパイル地ポンチョ。

Mint Green

BASIC COLOR-3

〈2009 S/S Image Visual〉

BASIC COLOR-3

Mint Green

どの色とも相性が良い
オールマイティ・カラーのミントグリーン

年齢を問わず、どんなシーンにもマッチするミントグリーン。女性らしさや、やわらかい印象を持ちながらも、華やかに見せてくれるオールマイティなカラー。どの色を合わせても相性が良く、絶妙なハーモニーをもたらす。やさしげなミルキーなトーンは甘く、ちょっとくすんだ深みのあるトーンは絶妙なクラシカル感で、いろいろな表情を見せてくれる。ミントグリーン×ラベンダーは、Velnicaにおける絶対的グローバルカラーとして大人気！

01

02

04

07

08

03

05

06

09

01. ミルキーなミント♥ 02.揺れるフリンジBAG。03. 色の美オーラを浴びて。04. 海のようなグリーングラデ。05. 銀の刺繍をポイントに。06. インテリアのアクセントに。07. 贅沢なシルクプリーツ 。08. 異素材の質感ミックス 。09. 上質エキゾチック。

COLOR MEETS
COLOR

Print

緻密なプロセスによって生み出される
色×デザインのプリント

デザイナーたちが“着る人の印象を大きく変えるもの”と語るプリント生地。イチからデザインと色を決めて、オリジナルの生地を織っていく。
Velnicaならではの緻密なプロセスにより想像力を駆使して出会った色とデザインのプリントは、ときに、陽射しの下で輝くサンドレスに、ときに、アンティークな色調で魅了するヴィンテージライクなアイテムとなって、女性のハートをくすぐる極上の一枚として世に送り出される。

ドットの表情が全て異なるプリントデザイン。ピンク、ラベンダー系の3種の生地を掛け合わせた。 <2009 S/S Image Visual>

多色使いのプリントだからこそ“品”を大事にしているのもVelnicaならではのこだわり。

左：アネモネモチーフのプリントワンピ。溶け込んだ色調の中にあえて主張のあるヴィヴィッドな色を掛け合わせることで、大人のエキゾチック・スタイルに。右：ブルーのプリントワンピも一色ではなく、濃淡のぼかしデザインで、ヴィンテージっぽいムードに。

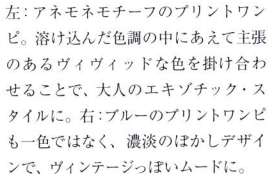

COLOR MEETS
COLOR

Color Block

まさにVelnicaマジック！色の掛け合わせ

同じデザインのアイテムでも、
Velnicaのカラーマジックで全く異なる魅力的な表情に！
色の出会いは無限大。

- PALE GREEN 【péɪl gríːn】
- PINK BEIGE 【píŋk béɪʒ】
- RASPBERRY 【rˈæzbèri】
- MINT 【mínt】
- CORAL 【kˈɔːrəl】
- PURPLE 【pˈɚːpl】
- LEMON 【lémən】
- LAVENDER 【lˈæv(ə)ndɚ】
- CHAMPAGNE 【ʃæmpéɪn】
- IVORY 【áɪv(ə)ri】

COLOR MEETS
COLOR

Mix

Velnicaカラーで
ツイードの新しい世界を展開

一本一本の細い糸が重なり合ったときに見せる表情が魅力の“織り”の世界。
糸と糸の、線の混じり合いを考慮した、繊細で奇跡のような色の出会いは圧巻。特にエレガントな印象に傾きがちなツイードの概念を覆した色鮮やかなVelnicaのツイードアイテムは、即完売になるほど大ブレイク！ 攻めた色使いに、遊びゴコロ溢れるデコレーションワークで今までにない新しいツイードの世界を展開中。デイリーに着こなせる、オシャレなライトラグジュアリーを体感して。

01

02

03

04

05

01. 日本に数台しかない編み機で仕上げた贅沢なアイテム。ニット素材で作り上げたツイードのようなデザインがラグジュアリー。02. パープルベース×ミントのツイードにミントシルクシフォンのデコレーション。03. 極細のニットを束ね、空気を編み込んだようなエアリー感。ラベンダーの中に水色の糸をMIXさせたデリケートな発色。04. ピンクベースのツイードにミントグリーンのシルクサテンを切り替えに施したスカート。05.ミックスカラーのツイードに長さの異なる糸を織り交ぜ、立体感のある表情に。

ピンクの濃淡ベースのツイードに
あえて反対色のターコイズブルーのベルベットテープを合わせてアクセントに。

Back Stage 1

ABOUT Velnica

HISTORY, LITTLE ATELIER, INVITATION,
EXHIBITION, EVENT, COLLABORATION, BRAND ITEM

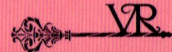

アトリエから世界へ
Velnicaの舞台裏

「信頼関係と確かな世界観。これさえあればなにも不安はなかった」と語るブランドデビュー時の秘話。そして一枚のドレスが完成するまでの工程と、世の中に羽ばたいていくまでの模様を一挙公開！

オリジナルのブランドスタイルを可能にしている背景には、手仕事の確かさがあり、人間関係の豊かさがあり、そしてそれを包み込む情熱がある。企業や編集部からリクエストが絶えないこだわりのクリエーションのバックステージをお伝えします。

NEW LONDON STYLE
NEW LONDON STYLE
CHLOE GRIMSHAW PHOTOGRAPHS BY INGRID RASMUSSEN

左：小林ゆかり　中：小林加奈　右：八月朔日けい子

Velnica's Brand

HISTORY

ヒストリー〔インタビュー〕

2005年30歳を節目に
新しいステージの扉を開く

仙台を同郷とする幼なじみ3人が、30歳を迎えた2005年。モデルやプレス、女性誌の編集ライター、アパレルのデザイナーという、各々が20代で培ったキャリアを活かして、新たなジャンルの扉を開けてみたいという思いを行動に移す時がきました。3人とも30歳という節目もあって、外で着飾るばかりでなく、上質なランジェリーやルームウェア、ルームフレグランスなど、女性のプライベートな時間を豊かに包み込んでくれるものに高い価値を求めはじめた頃でした。

今でこそたくさんのルームウェアブランドがありますが、当時は「ラクさ」が優先で、大人の女性が憧れを抱くようなルームウェアの選択肢は驚くほど少なかったんです。上質で、着た人の心を潤してくれるような世界観を持ったプライベートタイム・コレクションを作りたい。そして最初に誕生したのが、今でもVelnicaのアイコンとなっている一枚のバスローブでした。

その後、バスローブだけでなく、オフの日やバカンスタイムなど、女性が社会で背負っている鎧を脱いで、自分のために存在する時間に身にまといたいアイテムがどんどんと増えていって……。新しい価値を作っていく作業にワクワクしながら、自分たちも解き放たれていくのを感じていました。安定した収入や保証もなかったけれど、不安は全くありませんでした。

インスピレーションを求めインドへ
夢がクリアな目標へと変化

八月朔日けい子が、インドと太いパイプをもっていたので、洋服の生産背景を知るため、はじめに3人でインドに行きました。マーケットに行ってパーツなどの素材を見たり、熟練の職人たちのハンドワークによる刺繍やビジューの技術を見学したり。もう、それは衝撃的の一言！ 特にマーケットでの、ものすごい量の生地や、テープ、ビーズなどの素材を目にしたときには、可能性に溢れていることをあらためて実感し興奮しました。また、こだわっていた色彩も日本のように決められた色見本から選ぶのではなく、理想とする色のトーンを納得するまで調合ができる。それまで私たちがぼんやりと憧れ、思い描いていた夢が、目標へと変わった瞬間でした。

ひとり50万円の資金を集めて
サンプルを制作。等身大の活動で
アトリエ資金を貯める

インドから帰国後、ひとり50万円の資金を集めて、まずはサンプルを制作。当初はベビードールやキャミソールなど、部屋の中で楽しめるアイテムが多かったですね。10型程度のサンプルを作り、インドから商品が届いたときには“ここから始まるんだ！”と本当にワクワクしました。
事務所がなかったので、小林加奈のマンションの一室を事務所兼、プレスルーム代わりに始動。ホームページもなくて、あるものと言えば、プラス思考と私たち3人の信頼関係、そして確かな世界観だけ。

ブランドデビューから数年は、小林加奈の女性誌時代に培った、第一線で活躍する友人アーティストたちがアイデアを出し合って作品作りに協力してくれた。フォトグラファーのHIJIKAさんや、ヘアメイクアップアーティストの濱田マサルさんもその一人。

でもそれさえあれば十分でした。

プレスルームの壁を自分たちでライラック色に塗り替えたことを、よく覚えています。インドから届いた商品は、ベッドルームを倉庫代わりにストック。元々モデルをしていた小林ゆかりが商品を着用し、あとの2人が写真を撮りました。プリントは近所のコンビニのコピー機だったり。まさに全てが手作業、手作りのスタートでした。ブランドスタートの頃は、最初の基礎体力が重要だと言われていますが、実際に仕事が回るまでがすごく大変で。支払いは前払いが鉄則なのですが、インドの工場では最初の支払いを後払いにしてくれたり、小林加奈が女性誌のライター時代に培った友人のアーティストたちが手を貸してくれたり……。本当に多くの方たちに支えられながら、Velnicaのお披露目会を「いつでも好きなときに見にきて下さい」というスタイルでスタート。編集者、スタイリスト、モデルたちなど……、興味を持って頂ける人たちには全て見てもらっていました。

キャリーバッグに商品を詰めて、神戸や名古屋のセレクトショップに営業に行ったこともあります。アポなしで訪れたこともしばしば。でも、商品を見てもらえれば絶対に気に入ってもらえるという自信がありました(笑)。実際に、その場で商談が決まり継続して3シーズン、4シーズンと契約を頂くことにつながったこともあります。

大型合同展示会に出店し運命が変わる
2009年念願のアトリエを構える

Velnicaが大きく変化したのは2008年。2畳分くらいの小さなスペースを借りてIFFという大型合同展示会に出展したんです。小さなマンションの一部屋でしかお見せできなかったVelnicaが、約300ブランドの中に入って評価される機会とあって、もうドキドキでした。奥に位置していたVelnicaのブースに目をとめて、わざわざ引き返してきてくれた大手アパレル会社のバイヤーさんをはじめ、自分たちが思っていた以上の評価が得られました。それでも、ブランドの立ち上げから2〜3年は、それぞれ前職を続けながらVelnicaの活動をしていました。売り上げになったものは、次の商品代にまわしたり、いつかショールームを持つときのための資金にすることを優先させていました。最初に集めたひとり50万円から、その後一度も銀行などで借りることもありませんでした。全て等身大である

ブランド構想時期に、いろいろな雑誌をキリバリして作ったコラージュ。自分たちが作りたい世界観、ディテール、色、フォルムは、今でも何ひとつブレていない。必要にかられて見る度に、いつも新鮮で何よりも参考になる。

ことをいつも心がけています。10万円が貯まったら、その10万でできる最大限のことは何か？を第一に考えていました。たとえば最初のホームページは、トップページとコンセプトページ、商品写真が載った、たった3ページのものでした。

出来ることを積み重ねながら資金を貯めて、会社として新しい場所にアトリエを構えたのが2009年。これがまた、ゼロからの手探り。“一体、会社ってどうやって立ち上げるの？”の連続でした。税理士さんに分からないことは聞きながら、会社運営を含めて本当に全てが勉強の毎日。会社を立ち上げる前までは、自分たちでアイロンをかけて検品をし、お客様のもとに届けるという流通の一連の作業も3人だけでやっていました。デザイナーという一部分だけでなく、全体の流れを知ることができたのは、何にも替えがたい経験で、強みにもなりました。
同じ時期にアトリエに置くインテリアのリサーチを兼ねて、モロッコを訪れました。鮮やかな色彩の掛け合わせや窓枠のデコラティブなアーチ、独自のインテリアセンスなど、目に飛び込んでくるもの全てが素晴らしかった。日本のモロッコブームの先駆け的存在として、雑誌に取り上げて頂く機会が多くなりました。
アトリエを構えたことでブランドは飛躍的に成長しました。アトリエはVelnicaの世界観をより明確に伝えるためにはなくてはならい存在。大企業とのコラボレーションのお話を頂くようにもなり、ブランドが少しずつ私たちの手から離れ、一人歩きをしだしたように感じたのもちょうどこの頃です。

女性のライスタイルを360度
サポートできるブランドでありたい

ルームウェアからスタートして以来、洋服、キッズラインも手掛けるようになり、インテリアラインの「Riad Velnica」も展開。プライベートの時間を大切にしたいという気持ちが大前提にあるので、身につけるものと空間がセットになってこそVelnicaではないかという思いが、年々強くなってきています。素敵なウェアがあっても、その身を包み込む空間が潤っていないと私たちの世界観は完結しない。今後はVelnicaのイメージを体感できるショップを出店するのが目標です。今は、その場所探しに東奔西走している日々。
最終的には香りものやコスメ、食器も手掛けたいと思っているのですが、女性のライフスタイルを360度サポートできるブランドとして成長していけたら、ブランドとしても、ひとりの女性としても存在意義が深められて幸せだと思っています。

Velnica's Little Atelier

BACK STAGE REPORT

バックステージ リポート

デザインソース集めから、デザイン、パターン、撮影、インビテーション作り……etc、
全てのプロセスを、この小さなアトリエ Velnicaから発信。
Velnicaの商品が表舞台に現れるまでの、気になるバックステージを公開します。

商品制作

STEP 01

各国の旅先で集めてきた生地やリボン、ヴィンテージ刺繍などをソースにデザインスタート。洋服30～40型他に、キッズや小物、インテリアもデザイン。

STEP 02

専属のパタンナーにデザインを説明。シルエット、リボンの幅やピンタックのサイズなど、より細かいイメージを伝えていく。

STEP 03

パターンの他に、刺繍デザイン、ビーズワークデザインの見本制作など……2～3ヶ月かけて全ての工程をアトリエにて制作。

STEP 04

さらにサイズスペック、生地、テープ、刺繍デザインの詳細などを書いた指示書を作成し、03と共にインドの工場に送り、サンプルを発注。

STEP 05

デビュー以来、熟練の職人がそろうインドで約1ヶ月かけてサンプルを制作。世界の一流メゾンも、インドの繊細なハンドワークを絶賛！

STEP 06

インドから送られてきた1stサンプルをチェック！　色、シルエット、デザインを細かく確認し、さらに修正を指示。「妥協は許されません」！

STEP 07

デザイナーの八月朔日がインドに飛び、現地にて2ndサンプルの状態を確認。さらに細かい微調整を加えて直接職人たちに指示していく。

STEP 08

いよいよサンプルの完成～！
その後、全ラインのサンプルのバランスを見ながら、価格設定、色展開の最終決定へ。

毎回、
100カットは
当たり前💦

LOOK BOOK撮影 @Velnicaアトリエ

STEP 09
サンプルの洋服たちをモデルがひとつひとつ着用するLook Book撮影。この日のヘアメイクは雑誌でも大人気の中山友恵さん♪

STEP 10
真剣なまなざしで細かいディテールをチェックするデザイナー達。

STEP 11
いつも朝から晩まで続く撮影。ガールズスタッフでランチタイム。やっとひと息！

STEP 12
デザインの詳細が分かりやすいよう、全身、寄りのカットなどさまざまな角度から撮影。出来上がりはホームページやバイヤーの資料として使われます。

ビジュアル撮影 @都内ハウススタジオ

STEP 13
毎シーズンの世界観を形にするべく、デザイナー自らディレクションを務め、背景やスタイリングを手掛ける、ビジュアル撮影。

STEP 14
この日はハウススタジオの一面グリーンだった庭に、花やキャンドル、色ガラスなどをセッティングし、光溢れる幻想的な世界を表現。

STEP 15
モデル着用ワンピはこの夏の新作。ビジュアル効果もあり、問い合わせが殺到！

STEP 16
スタッフ全員と記念撮影。
素敵な写真の仕上がりに大満足♥
このビジュアルはその後、展示会のインビテーションにも使用。

インビテーション制作

STEP 17
毎シーズン、記憶に残る招待状のデザインを目標に、さまざまな案を固めていく。

ひらめきが
重要！

STEP 18
招待状もサンプルチェックを重ね、色味や形の細かい修正を経て完成へ導いていく。
完成品はひとつひとつ封筒に入れて郵送。

商品入荷まで

STEP 19
展示会を開催！　百貨店やセレクトショップのバイヤー、ファッション誌の編集者、Velnicaファンのモデルたちなどがたくさんご来店。

STEP 20
オーダー数の集計後、インドの工場へ発注して、いよいよ生産スタート！　3〜4ヶ月かけて仕上がった商品たちが日本に入荷されてくる。

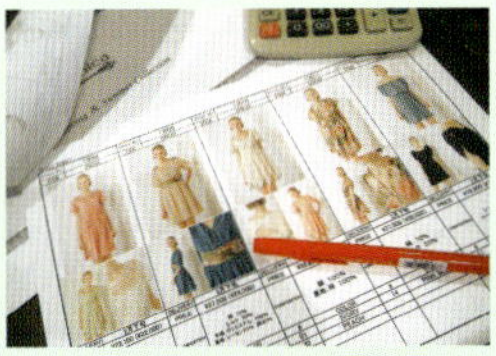

"世に出るための
パスポートみたいな存在
by Velnica"

Collection

INVITATION

インビテーション

毎月、膨大な数のインビテーションが行き交う業界内で、いつも話題騒然となる Velnicaの"捨てられない"インビテーション。

「業界の方には、あらゆる企業からたくさんのインビテーションが届くことを知っていました。そんな中、デビューしたての名もなきブランドのVelnicaをどう知ってもらうか。そのきっかけとなったのがインビテーションでした。

ポストに入る規定のサイズの中で、どれだけ最大限にブランドの世界をお伝えし、心に残る招待状をお届けすることができるか、を目標に毎シーズン新しいチャレンジを重ねています。

正直、ハガキ一枚よりも何倍もコストはかかってしまうのですが、Velnicaを知らなかったバイヤーさんや編集の方も、インビテーションをきっかけに展示会に来て下さる方が本当に多くて！今では嬉しいことに、毎回、心待ちにしているとの声をたくさん頂くので、これからも作品のひとつとして、楽しみながら追求していきたいと思っています」

インビテーション制作工程

STEP 01

今回はポストに入る厚さの中で凹凸をつけた、立体的な仕様に決定！

STEP 02

図柄や立体的にするパーツを決め、グラフィックデザイナーに指示出し。

STEP 03

実際に立体になったときの模型のサンプルを制作＆修正。

STEP 04

色をのせたときの全体のイメージを確認。パーツの位置も念入りにチェック。

STEP 05

デザインカラーを最終チェック。

STEP 06

外箱のロイヤルブルーと内側のデザインのカラーバランスを確認。

STEP 07

別添えにする、裏に展示会場所のMAPを記した花のカードをデザイン。

STEP 08

完成！

2012 S/S COLLECTION

コラージュイラストレーター 長谷川洋子さんとのコラボレーション

まるでスウィーツボックスのような箱を引き出すとそこには、想定外のファンタジックな夢の世界が出現！テントの中のVelnica Worldには、よく見ると2012S/Sの洋服で使用しているチュールやシルクシフォンが、さり気なく散りばめられている。

異素材の扇子や、カラフルな孔雀、テントの車輪部分がマカロンクッションのデザインだったりと見ているだけで、胸がトキめくサプライズなインビテーション。

お気づきの通り、このインビテーションには洋服を着用したモデルカットがない。人物を使わないインビテーションは、この時が初めて。コラージュだけでVelnicaの世界観を伝えたいとチャレンジしたインビテーションは話題を呼び、展示会にも多くの人が駆けつけた。

Collection

INVITATION HISTORY

記憶に残るインビテーションとして、業界からも高い評価を得ているVelnicaの招待状。そこには、一瞬にして、女性の心を潤す世界観が凝縮されている。噂のインビテーションコレクションを一挙公開！

2008 A/W COLLECTION

2009 A/W COLLECTION

2008　2009　2010

2008 S/S COLLECTION

2009 S/S COLLECTION

2010 S/S COLLECTION

2010 A/W
COLLECTION

2012 A/W
COLLECTION

2013 A/W
COLLECTION

2011 2012 2013

2011 S/S
COLLECTION

2012 S/S
COLLECTION

2013 S/S
COLLECTION

EXHIBITION

展示会

いつも多くのゲストが訪れるVelnicaの展示会。
最近、開催された展示会をチェック。

デザイナーが海外のマーケットで
買い付けてきたノベルティは、
毎回ゲストたちの楽しみのひとつ。

Velnica COLLECTION@bamboo

デイリーにもバカンスにも大活躍のワンピをはじめ、キッズ、インテリアなどVelnicaカラーが映える、大人気の新作コレクション。

Exhibition Guest

(valnicaブログより)

01.スタイリストの佐々木敬子さん／02.モデルのMAIKOさん／03.モデルの中林美和さん（左）とタレントのMEGUMIさん（右）／04.フォトグラファーの蜷川実花さん（右）／05.holidayのひゃんさん（右）／06.VOGUE girlクリエイティブ・ディレクターの軍地彩弓さん（右）とスタイリストの斉藤くみさん（左）

EVENT

イベント

Velnicaの世界観をダイレクトに体感できる期間限定のPOP UP SHOPを名だたるSHOPで開催。
毎回、その場でしか買うことができない限定デザインや買い付けアイテムも展開！

BARNEYS NEW YORK
2010 summer

モロッコやパリで買い付けてきたアイテムを中心にVelnicaの新作も発売した“RIAD VELNICA”。カラフルなモロッコ陶器やタッセルは、即完売するほど大盛況。

aquagirl丸の内
2012 winter

イベントテーマ「Bon Voyage」にちなんだ“WORLD TRIP COLLECTION”。シノワズリテイストの鮮やかな陶器も話題に！

博多阪急 ELLE CAFÉ
2012 autumn

ファッションやインテリアブランドとコラボしたELLE CAFÉ（エルカフェ）のVIP ROOMをVelnicaがプロデュース。

伊勢丹新宿店 Salon de Velnica 2013 spring

毎年、大人気の春夏の新作アイテムは、サマードレスを中心に、バカンスにぴったりなバッグ、アクセサリー、ポーチなども展開。デザイナーたちのセンスが光る、海外のマーケットで買い付けてきたカラフルな色彩のジュエリーやポストカードなどの雑貨、インテリアアイテムなども好評を得た。

「旅好きなデザイナーさんたちのインスピレーションが盛り込まれた世界観は、異国情緒とモダンな感覚が感じられ、女性が好きな要素が詰まっていると思います。繊細な刺繍やビジュー使いなど妥協しないディテールも魅力ですね。イベントでも、たくさんのお客様にお越し頂き、デザイナーさんたちがパリでセレクトしたポストカードや食器も好評でした」（伊勢丹新宿店 TOKYOクローゼット／リ・スタイルTOKYO アシスタントバイヤー　中島杏子さん）

COLLABORATION

コラボレーション

ファッションのフィールドだけでなく、ビューティ界、老舗下着ブランドなど、
さまざまな分野から注目を浴びている。企業側から見たVelnicaの魅力とは？
コラボレートした作品と一緒に、その秘密に迫ります。

Collaboration. 1

SHISEIDO

WHITE LUCENT×Velnica

グローバルに展開する化粧品会社、資生堂とのコラボレーションは大好評を得て、今まで3回に渡る限定キットを展開。ブランド史上かつてないほど、発売前からキットへのお問い合わせが殺到。予約はデパートで数あるブランドの中でも1、2番の勢いを誇り、即完売したという伝説もあるほど！

2013年春にコラボさせて頂いたSHISEIDOブランドの美白ケアライン『ホワイトルーセント』は30代の女性がメインターゲット。Velnicaは独自の世界観を作り上げていますが、大人の女性が一番好きな洗練さと可愛さの絶妙なバランス感があることが、コラボをお願いした一番の決め手です。美しさには見た目だけではなく、オーラの美しさ、“感じる”美しさがあると思うのですが、Velnicaのアイテムには、女性なら誰しも手にしたい、持っているだけで、着ているだけで“Happy”になれる力がとてもありますよね。それだけで絶対に女の子はキレイになっていると思います。

（資生堂 リレーショナルブランドユニット　小野有貴さん）

Collaboration. 2

GUNZE

intellige by Velnica COLLECTION

グンゼの技術が誇る、通気性と耐久性に優れた上質な素材を贅沢に生かした、Velnicaのスペシャルなルームウェアを展開。やわらかな質感と、豊かなドレープ感で、動くほどにエレガントさが漂うリラクシングコレクション。

Collaboration. 3

MIKIMOTO COSMETICS

ミキモト コスメティックス

ミキモトコスメティックスとクリスマスコフレとしてコラボしたのはフラワーデコレーションBOX。アイボリーのフェイクレザーに、Velnicaらしい色鮮やかなグログランリボンの掛け合わせ。BOXの内側もライラックカラーのスウェード調素材で上質な演出。

BRAND ITEM

ブランドアイテム

多くの人気ファッション誌から、ブランドアイテムの依頼を受けるVelnica。
1年のうちに何回も登場するほど、ラブコールが絶えない状態が続くのは人気の証。
発売される度に、多くの読者の方から反響があった全ブランドアイテムを公開！

01

InRed／宝島社 2010年5月号
Velnicaのアイコンアイテムというべきポンポンポーチとシュシュがセットに。

02

InRed／宝島社　2011年8月号
Velnicaカラーが魅力のパイル地バッグは肌触りもバツグン！

03

MAQUIA／集英社 2011年8月号
コーラルのドット柄にミントグリーンのリボンがキュートなラブリートート。

04

GLAMOROUS／講談社 2011年11月号
パステルカラーのチュール素材クラッチポーチは、まさに大人スウィート。

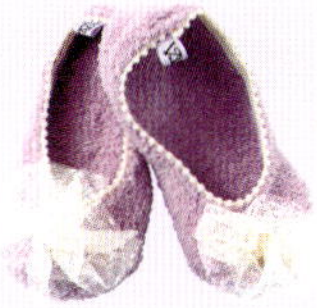

05

GISELe／主婦の友社　2012年1月号
こんなに可愛いモコモコソックス見たことない！お花のコサージュがLOVE。

06

InRed／宝島社　2012年4月号
スウィートなピンクベースに、お洒落なタッセルまでついたマシュマロポーチ。

07

sweet／宝島社　2013年3月号
ヴィンテージライクなゴールドテープがアクセントになった上質なポーチ。

08

VoCE／講談社　2013年5月号
贅沢なリボン使いに、紫外線を感知するUVチェックビーズ付きの美肌ポーチ。

＊現在、お取扱いがないものもございますのでご了承下さい。

Chapter

2

Material Process

SILK, BIJOUX, EMBROIDERY, RIBBON, TULLE, VINTAGE

Velnicaの素材・工程

物づくりは不安と期待がいつも一緒で、だからこそとってもドラマチック。あと1cmのラインをどうするのか、この1色をどう染めるのか、この1粒のパーツをどう活かすか……。何年やっていても、デザインを引く1本の線から始まり、商品になっていく様々な過程の中で、迷うことが何度もあります。それでも、修正を重ねながら確信へとたどり着くプロセスは、すべての工程を見て取れる距離にいる分、喜びもひとしお。

また、流行に左右されず、本当に作りたいものを追求できるのも、企業にはない少人数制のアトリエの強み。デザインにどうしても使いたい素材を求めて、海外のマーケットに飛ぶこともあれば、年代物の美しいヴィンテージのパーツに惚れ込んで、数限定で作品に落とし込むこともできます。

私たちが制作において、「OEM」と呼ばれる委託会社をいっさい挟まずに続ける理由は、どんなに作業が増えても、この途中経過のドラマチックを味わっていたいからなのかもしれません。

── Velnicaデザイナー

1

MATERIAL PROCESS

SILK

シルク

Velnicaのアイテムの中でも、デビュー当時からこだわり抜いているシルク素材。肌にそっと優しく、軽やかに触れるシルクは、大人の女性のプライベートタイムを至福のひと時へと導くエッセンスとして、着る人の心を虜にさせている。
ドレスにふんだんに使った贅沢なものから、バスローブのパイピングなどの部分使いにさり気なくあしらったりと、Velnicaらしい演出も魅力。やわらかい質感のシルクシフォン、上品な光沢感のシルクサテン、秋冬シーズンに使うマットな質感のシャンタンシルクなど、使用するシルクも幅広い。特に定番のシルクシフォンは、光を浴びた時に映し出される繊細な色のオーラと、動いた時に揺れる美しい質感が女性をセンシュアルに演出してくれる。実は軽くてコンパクトにまとめやすいので、バカンス先にもピッタリ！の一枚だ。

Instruction of
SILK

01
プリントのシルクシフォンを2種類使い、ボーダー柄にデザイン。

02
生地を贅沢に使用しギャザーを細かく入れ、動くたびに美しく揺れるシルエットへ。

03
背中の開き具合を深めにとる。前のデコルテ部分よりも深いのが特長。前からだけでなく、後ろ姿もキレイに見せるのがVelnicaのこだわり。

Velnica
NO 12032
<07> LAVENDER
COLOR INSTRUCTION SHEET
SEASON
STYLE NO.
INSTRUCTION SHEET
YEAR
SEASON
STYLE NO.
ITEM
DRESS
PATTERN NO.
BUTTON
ZIPPER
ELASTIC MADE UP SIZE
FUSED LINING
SIZE
LENGTH
BUST
WAIST
HIP
BOTTOM WIDTH
ARM HOLE
SHOULDER WIDTH
SLEEVE LENGTH
SLEEVE OPEN
FABRIC
WASH CARE LABEL
BLAND LABEL
COLOR NO.
REMARKS…
<RIBBON>
GATHER

Instruction of
BIJOUX

01
ビジュー部分のアウトラインをスケッチ。

02
ビーズやスパンコールをデザインに合わせてセレクトし、ひとつひとつ並べて位置を決定。

03
生産の見本としてデザイナー自らサンプルを制作し、指示書と一緒にインドの職人へ依頼。

MATERIAL PROCESS

2 BIJOUX

ビジュー

Velnicaのハンドワークが光るビジューテクニックは、ワンピースをはじめ、クッションやベルトなど幅広く使われている。無数にあるビジューの中からデザインに合う色とパーツをデザイナーたちがひとつひとつ、こだわりながら決めていく作業は、無限大でありながら、まさに細やかなアトリエ的プロセス！ ヴィンテージ感溢れる色合いの中にカラフルなビーズを差し色にするなど、Velnicaらしいオリジナル感がキラリ。美術館の絵画やアンティークの宝飾品、着物や、インドのウエディングのビジュー使いなど、デザイナーたちが目にした全てのものからインスピレーションをキャッチしビジューデザインの参考にしている。

GOLD & SILVER
EMB YARN
BEADS
EMB YARN
#13043
<STONE B>
#13012
<BEAD D>

MATERIAL PROCESS

3 EMBROIDERY

刺繍

ビジュー同様、繊細なハンドワークによる刺繍使いは、もはや“作品”のレベル。刺繍の柄からデザイナーたちが考案し、色決め、指示書に添付するサンプル制作までの工程をVelnicaのアトリエで丁寧に行っている。デザインは、ヴィンテージのテープやレース模様、インテリアの写真集など、様々なものからインスパイアを受けている。
生産を引き受けるインドの工房で、ひと針ひと針職人の手によって制作される刺繍。彼らのハンドワークの技術は世界の一流メゾンから発注を受けるほど、クオリティが高いことで知られている。大量生産は難しいけれど、その繊細な美しさに価値を置いているからこそVelnicaはクチュール感溢れるハンドワークにこだわりを持っている。

Instruction of
EMBROIDERY

01
刺繍部分の柄をスケッチ。

02
刺繍デザインの色決め。花とグリーン部分は、1色ではなく2色のグラデーションをつけて立体感を演出。

03
質感の異なるチュールとシフォンの2種のテープを使用。異素材をミックスすることで刺繍に奥行きがでる。

04
サンプルが上がってきてから、花の部分にスパンコールとビーズの追加を指示。華やかさと立体感をプラス。

Material: Chiffon
&
Beads
spangle
Colour:
Nudy pink +
coral + Mint
Embroidery
(E) FAB
* "PINK FLOWER" POSITION
(E) FAB
(G) FAB
(H) FAB
3col MIX!!
* "IVORY FLOWER" POSITION
PLS MAKE
LITTLE MORE HEAVEY

MATERIAL PROCESS

RIBBON 4

リボン

Velnicaのカラーマジックが光るリボンワークは、小物やインテリアアイテム、洋服など多くのアイテムに使用されている。特にトラベルシリーズの小物たちは、リボンを重ね合わせて一枚の生地に仕立てた、ロングランヒットアイテムだ。甘い印象だけになりがちなリボンも、Velnicaの手にかかれば、色と質感の異なる絶妙なリボン使いで、大人スウィートな印象に。シルクを使うなど、あくまで素材にこだわる美学がベースにある。

無限大とも思える色の組み合わせは、経験から得た色の法則で、意外にも短時間で決定されるそう。カラフルなトキめく色使い×上質な素材のリボンは、世代を越えて女ゴコロをくすぐる上質なエッセンスとして、不滅の人気を誇っている。

Instruction of RIBBON

01

ベースとなるラベンダー部分は、やわらかい光沢感のシルクを使用。ベースの素材を上質にすることでリボンの存在感を上品に演出。

02

リボンの素材は、サテン、グログラン、ベルベットと質感をMIX。
太さと色の異なるテープを８種類使用。

03

中央部分は、プリーツを施したミントブルーのサテンリボンの上にラズベリーのベルベットリボンを重ね、立体的なアクセントに。

FAB (K) <11> <33>
Velnica
No. P-209
<TAPE>
FAB (E) <07>
GOLD CHARM
BUYER
STYLE
FABRIC
VELNICA
#13028
#KD1303
<TAPE C>
<Col.07>
#13028
#KD-1303
(TAPE B)
<Col.01>
#13028
#KD-1303
(TAPE BC)
<Col.01>
#13028
#KD-1303
(TAPE B)
<Col.07>
#13041
(TAPE A)
<Col.08>
#13041
(TAPE A)

5

MATERIAL PROCESS

TULLE

チュール

大人スウィートな世界を表現する素材として欠かせないチュール。デビュー当初はルームウェアのアイテムに使われることが多かったが、近年は、日常のファッションとしても楽しめるデザインに落とし込んで大ブレイク！
通常甘くなりすぎるチュール素材も、Velnicaならではの、緻密に計算された色のグラデーション効果で、大人の女性の心にも響く品のあるデザインに仕上がっている。ガールにもレディにもなれるチュール使いは、まさにVelnicaマジックだ。

INSTRUCTION SHEET
FRILL INSTRUCTION
SOFT NET

Instruction of
TULLE

01
スカート部分にチュールを使用したワンピースをデザイン。

02
スカート部分は、テープ状にカットした６色のチュールを、１段１段ギャザーを寄せながら曲線を描くようにステッチ。

03
２種類のグラデーションを、パズルを合わせるかのように、向きを変えながら組み合わせて柄を表現していく。

6

MATERIAL PROCESS

VINTAGE

ヴィンテージ

パリ、ロンドン、インド、上海……など、Velnicaのデザイナーたちが、世界中のマーケットから見つけ出した数々のヴィンテージアイテム。現在の技術では製作することができない、時空を超えたアイテムは、ハンドワークのテクニックが光る１点ものも多い。大量生産できない繊細な刺繍テクニックや、遊び心のある色合わせ、細部まで美意識が行き届いている模様やデザインからインスピレーションを受けて、Velnicaのオリジナルの商品のデザインに落とし込むこともある。どこか“異国の旅の香り”のするVelnicaの魅力は、こんな所に潜んでいる。
今後は買い付けたヴィンテージアイテムのリボンやボタンを使った、贅沢な限定アイテムも展開していく予定。

Velnica's Selection

VINTAGE ITEM

01

02

03

04

01.ロンドンのアンティークマーケットで買い付けた1920～30年代のボタン。ボタンのベースが鏡になっている、遊び心あふれた貴重なデザイン。02.上海で出会ったシノワズリなデザインの刺繍アイテム。03&04.インドのマーケットで買い付けたサリーに使うアンティークのテープ。繊細な刺繍、ビジュー使いはインドならでは！

Instruction of VINTAGE

01
刺繍部分のテープは、インドのアンティークのテープから落とし込んでデザイン。

02
ポーチのベースの生地はコットン＆ベルベットの異素材をMIX。グラスビーズを使用したビーズタッセルは三連で贅沢な輝きをプラス。

03
刺繍部分の元となったのは、約100年前の世界中のセレブリティが集まる、イギリス統治時代のインドで作られたアンティークテープ。当時のサリーの衣装の裾部分に使われていたものだとか。職人の素晴らしいハンドワークの賜物！

Velnica's Travels

MARRAKECH & PARIS & DELHI & LONDON & SHANGHAI & HANOI

旅とVelnica

ミックスカルチャーからインスパイアされたVelnicaの、旅色を纏った色彩とデザイン。

アイテムの生産を担うインドでのサンプルチェック、ヨーロッパのアンティークマーケットでの買い付けなどを含め、年に数回は海外へと飛び、さまざまな国と縁のあるVelnica。

ヴィンテージアイテムが多く揃う、パリやロンドンなどで買い付けた1点ものは“Worldtrip collection”として発売され大人気！ とりわけデザイナーたちを魅了するのは、モロッコ、インド、上海、ベトナムなど、異なる文化や人種が交差する国々。Velnicaのフィルターを通してその MIX感をキャッチし、常に新しい刺激を受けているそう。それは後に、Velnicaのアイテムの色となり、デザインに反映され、私たちの前に新しい姿となって現れる。

今までも、これからも、旅はVelnicaにとって欠かせないインスピレーションの源。

England
ロンドン P.84
France
パリ P.78
Morocco
マラケシュ P.74
India
デリー P.81
China
上海 P.86
Viet nam
ハノイ P.87
WORLD.
POL
London Underground
03 OCT 12
50 Cinquante Francs
Banque de France
50
AG 520434
multiple

morocco

Marrakech

マラケシュ＜モロッコ＞

パリから3時間のフライトでたどり着くエキゾチックな楽園。Velnicaとして初めて訪れたのが2008年。心地よく目に飛び込んでくる街の風景の色彩、モロッコランプからこぼれ落ちる光の色の美しさ、窓枠のフォルムのデコラティブなラインなど……。独自の色彩美とフォルムに一瞬で虜になった国。

アラビックなエキゾチック感と洗練されたヨーロッパの文化の絶妙なMIX感は、まさに理想的なスタイルで、その後のVelnicaのクリエーションに大きな影響を与えた。日本におけるモロッコブームの先駆け的存在として注目されたことから、ブランドとしても急成長を遂げるきっかけともなった。

Inspiration of Velnica

01

01．モロッコランプの光の色で幻想的な夜のスークがあらわれる。02．アラビックなデザインに魅せられて。03&04&05．イヴ・サンローランが愛したマジョレル庭園にて。

02

03

04

05

HOTEL

Riad Enija

リアド エニア

www.riadenija.com

独特の色彩美に全員が感銘を受けたモロッコ。いつもの宿泊先はマラケシュの旧市街にある「リアド エニア」。この出会いが、後にVelnicaのクリエーション転換期のきっかけに！部屋ごとに色のイメージが異なるなど、インテリアの色の組み合わせに感動。

移動は馬車も
おすすめ♥

MARKET

Marrakech Souk

マラケシュのスーク

Jemaa el Fna, Marrakech

食べ物から洋服、カゴバッグ、バブーシュなどの雑貨、インテリアまで、あらゆる物が揃う巨大マーケット。

RESTAURANT

Dar Moha

ダール・モハ

www.darmoha.ma

ヌーベルモロカン料理の先駆け。メディナに建つ、伝統的な邸宅を改装した店内。予約はプールサイドがおすすめ。

france

PARIS

パリ＜フランス＞

パリでは主に買い付けのために、1日かけて蚤の市巡りへ。タイムレスに美しい 1点ものののブローチやアクセサリー、コラージュカードなど、女心をくすぐるアイテムが多いのもパリならではの魅力。年代もののパーツなどは、自分たちのデザインソースになったりすることも。
最近は、念願だったパリで年に2回しか開催されない、世界最大のインテリアの展示会をチェック！ Velnicaオリジナルカラーで指定した食器をオーダー。ファッションだけでなく、インテリアの世界も開拓中。

01

02

03

04

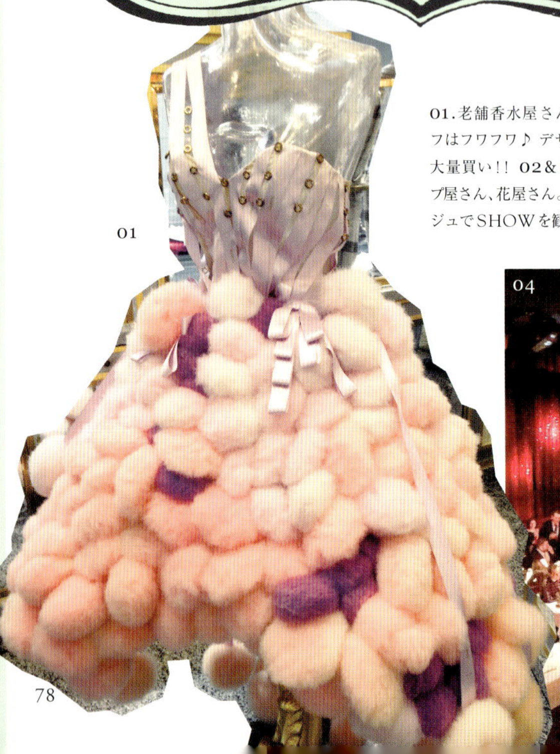

01.老舗香水屋さん“CARON”のパフはフワフワ♪ デザイナー八月朔日、大量買い!! 02&03.街角のクレープ屋さん、花屋さん。04.ムーランルージュでSHOWを観劇。

Maison et Objet

世界最大のインテリアの展示会にて。
世界中からインテリア業者が買い付けにくる！

Velnicaオリジナルカラーに染めるためのカラーセレクト。

アイテムをセレクト。

このアイテム
素敵じゃない♥

数ある店の中から買い付けるものを
セレクト中！

値段、納期などを交渉中。

商談成立～！

できあがった
Velnicaオリジ
ナルカラーは
コレ♥

MARKET

Clignancourt

クリニャンクール蚤の市

毎週土・日・月曜に開催

約3000件の露天商がひしめき、パリでも最も大規模な蚤の市として有名。ヴィンテージのブランドものから雑貨、絵画、美術品などその品数は圧巻。

Vanves

ヴァンブ蚤の市

毎週土曜日に開催

クリニャンクールよりも日常的なアイテムを多く取扱う、庶民的なマーケット。パリジェンヌにも人気。

HOTEL

Saint Louis Luxe

サン ルイ リュクス

www.hometown-paris.jp/jp-apartment-jp-57

パリの中心を流れるセーヌ川に囲まれたサン・ルイ島にあるアパルトマン。リビングに小さいバルコニーがついていて、パリの美しい景色を堪能できます。

RESTAURANT

Le Sot l'y Laisse

ル ソリレス

70 Rue Alexandre Dumas, 75011 Paris

日本人シェフのフレンチ。パリでも知る人ぞ知る名店。ここで食事をするだけでもパリに行く価値があると思うほど素晴らしい！とVelnicaチームが大絶賛！

パリ在住のアクセサリーデザイナー富田英里さん、刺繍家・小林モー子さんとパリで合流。

the republic of india

INDIA

デリー＜インド＞

世界中のセレブからバックパッカーまでをも魅了してやまない国、インド。8年前のデビュー当初から商品の生産ラインを担うインドはVelnicaにとってブランドの“核”となる重要な場所。街の建物も艶やかに彩られているインドには、色の名前がついた街が存在する。White Cityのウダイプール、Pink Cityのジャイプール、Blue Cityのジョドプール。Velnicaの洋服は、そんな色彩美が生活に根付いているインドでイチから調合し、オンリーワンの色に染められている。
イギリス統治時代にテーラーの技術を築きあげ、現在では一流メゾンにも一目置かれるほど、高い評価を得ていることを知る人は少ない。今後も、インドの工場と信頼関係を深めながら高度なテクニックを追求し、Velnicaらしいクチュール感を極めていきたいと語る。

blue city

JODHPUR

15世紀後半に涼しさを演出するために、ほとんどの建物がブルーで統一されたという、ブルーシティのジョドプール。圧巻の幻想的な色の世界。

pink city

JAIPUR

砂漠が近く、赤茶色の建築物が多いことからピンクシティと呼ばれるジャイプール。旧市街の建物は、特産の赤砂岩を使っているため独特の赤茶色に。

white city

UDAIPUR

湖と白亜の建物が見事に調和された景観が魅力のホワイトシティと呼ばれるウダイプール。ピチョラー湖畔に建つ白亜の宮殿「シティ・パレス」。

MARKET

Hauz Khas Village

ハウスカス ヴィレッジ

Delhi

アンティークのファブリックや家具、インドデザイナーセレクトショップ、一風変わったレアな掘り出し物、カフェなど、デリーに行ったら必ず立ち寄るマーケット。マーケットの突き当りには、遺跡に囲まれた池があり一息つける憩いの場所。

MARKET

Old Delhi

オールドデリー

Delhi

旧市街に並ぶ巨大マーケット。生活用品から雑貨、アクセサリー、パーツ素材などあらゆるものが揃う。地元の人から観光客まで、常に人と物に溢れている。宝物探し気分を楽しめるインドらしいスポットは、一度は訪れる価値アリ。

Manufacturing in NEW DELHI

デビュー当時から信頼をおくニューデリーの工房。Velnicaの繊細な刺繍やビジューを手がける熟練の職人たち。

HOTEL

Devi Garh by lebua

デヴィ・ガー バイ レブア

http://www.lebua.com/ devi-garh

1760年に建築されたデルワーラ宮殿を10年に及ぶリノベーションでモダンに生まれ変わらせたホテル。アラバリヒルズを見渡せる丘に位置し、ゲストルームはタイプの違う全室スウィート！

HOTEL

Neemrana Fort-Palace

ニームラナ フォートパレス

http://fort-palace.neemranahotels.com/
Rajastan

デリーから車で1時間半程で着くパレスホテル。14世紀に建てられた素晴らしい宮殿。敷地内には辺りを一望できるプールや円形劇場がある。夜のライトアップは息を呑むほど幻想的！

RESTAURANT

Olive Bar &Kitchen

オリーブバー＆キッチン

www.olivebarandkitchen.com
Delhi

デリーの喧騒とは打って変わって、木漏れ日の下でゆっくりくつろげるお気に入りのレストラン。白を基調としたインテリアでキャンドルが灯る夜もステキ！中庭にあるピザ釜で焼いたピザは絶品。

ENGLAND

LONDON

ロンドン＜イギリス＞

20代の同じ時期に、デザイナーの小林加奈と八月朔日けい子が留学した街、ロンドン。ここを拠点に、ヨーロッパの伝統、装飾の美しさを知り、ライフスタイルの豊かさを学んだ。ロンドンのマーケットにあるアイテムは、華美すぎず、質の良い状態に保たれているのが特長。デイリーにドレスアップするときに使いやすいものが多く、値段も安いものからあるのが魅力！ 現在はVelnicaのオンラインで発売するアイテムの買い付けや、デザインソースとなるようなアンティークの素材＆パーツ巡りに費やすことが多い。今の機械では作れない美しく繊細な装飾のレース、ボタン、アクセサリー等がひしめくアンティークマーケットに足繁く通っている。

01

02

03

04

05

01&02&03.アトリエ感覚のショップ "Temperley London"。ビジューワークに刺激を受けることもしばしば。04.クレイジーホースのロンドン公演を鑑賞。05.有名なヴィンテージショップ「VIRGINIA」。質のいいアイテムが揃う美術館みたいなサロン。

MARKET

Portobello Road Market

ポートベロー ロード マーケット

毎週金、土曜日に開催

『ノッティングヒルの恋人』の舞台として有名。エリアごとに扱うジャンルが異なる最大規模のストリートマーケット。入り口から出口まで、さまざまなショップがひしめいている。

MARKET

Kempton Antique Market

ケンプトン アンティーク マーケット

第二火曜、月の最終火曜に開催

ヒースロー空港近くにある競馬場内で月に1度開催される。状態のいいアンティークアイテムが揃うマーケット。大型家具から雑貨まで、幅広く並んでいる。買い付けのアンティーク業者も見受けられるが、値段がお手頃なのがいい。

RESTAURANT

The Wolseley

ザ ウルズリー

www.thewolseley.com

朝食が有名だけどランチ&ディナーも美味しい！　グリーンパークの隣にあり、利便性も◎。

HOTEL

Adria Boutique Hotel

アドリア ブティック ホテル

www.theadria.com

ケンジントンにあるアラビックなムードのエッセンスが光るホテル。部屋が広くインテリアも素晴らしい！　暖炉があるのも♥

RESTAURANT

Jing Chi Fang

京翅坊

www.jingchifang.com

高級食材がリーズナブルで美味しくいただける上海の人気店。ふかひれのランチコースがおすすめ。シノワズリ調の店内が乙女心をくすぐります。

RESTAURANT

YongFoo Elite

雍福会

www.yongfooelite.com

世界中からセレブが訪れる上海の社交場。多くの種類の骨董品が陳列され、まるで美術館のようなガーデンレストラン。シノワズリテイストのインテリアにVelnicaのデザイナーたちも心を奪われた空間。

HOTEL

Casa Serena Hotel

カーサセレーナホテル

www.casaserenahotel.com

オシャレなブティックやレストランが集まる新天地からほど近いプライベート感あふれるホテル。洗練されたインテリアが魅力的。

MARKET

Dōng Tái Lù Gu Wán Jiē

東大路古玩市場

200mほどの小路に骨董品屋台が軒を連ねる有名な骨董ストリート。中国各地からアンティークが揃う。

china

上海

シャンハイ <中国>

古い街並みと近未来的な建築物が共存する街、上海。東洋と西洋の伝統と色彩が絶妙に交ざり合うシノワズリは、Velnicaが魅了されるMIXスタイルのひとつ。シノワズリテイストのインテリアや雑貨、モダンなデザインの中国陶器などの買い付けに行くことが多い。

人民広場で上海の友人・サイさんとランチ。

RESTAURANT

Green Tangerine

グリーン タンジェリン

www.greentangerinehanoi.com

フレンチヴィラを改装した一軒家のベトナムフレンチレストラン。中庭のテラス席もオススメ。

02

01. ゴールドの装飾と色合いが美しいアンティークの水差し。02. カゴのデザインの種類が多い！

viet nam

Ha Noi

ハノイ＜ベトナム＞

フランス統治時代を思わせる、スウィートな色彩と、ベトナム伝統の手工芸がMIXするハノイ。カゴや刺繍アイテムなど、素朴さの中にどこか洗練されたエッセンスが効いているのが魅力。Velnicaが次に注目するアジアの国として、今後インテリアや小物の買い付けの予定をしている。

01

HOTEL

Sofitel Legend Metropole Hanoi

ソフィテル レジェンド メトロポール ハノイ

www.sofitel.com

1901年創業のハノイ最古のホテル。コロニアルスタイルのインテリアも魅力的。

SHOP

Tan My

タン ミー

www.tanmydesign.com

数多くある刺繍屋さんの中でもフレンチテイストの刺繍アイテムで人気の老舗店。ダントツに洗練度が高いので要チェック。

Chapter 3

One more Velnica

HAND WORKS, SILHOUETTE

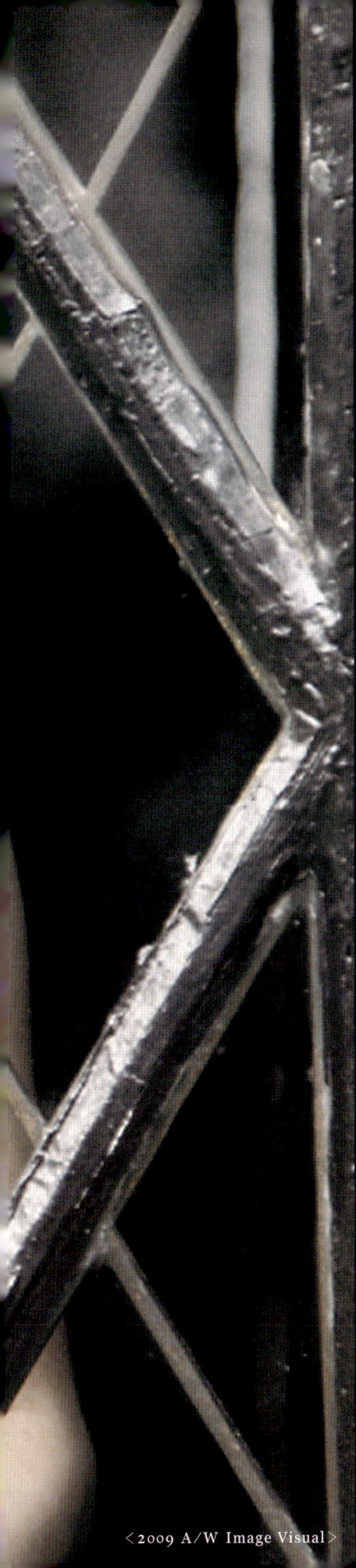

〈2009 A/W Image Visual〉

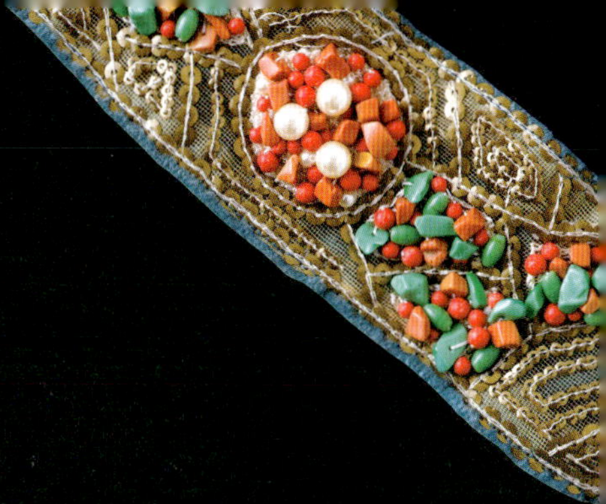

Velnicaのこだわり

デザインを手がける時間の中で、いつしか生まれてきたのが「ワン モア ヴェルニカ」というフレーズ。
一枚の洋服やひとつの小物の中に、「Velnicaにしか表現できないような色やシルエット、ハンドワークによる刺繍やビジューなどのテクニックが美しく存在するか？」を確認するための合言葉になっています。

世界観を際立たせるために、最後にあと一滴を注ぐときもあれば、余分な一滴を省くときも。たとえば、細い結び紐の先端にまで意識を注ぎ、一粒のビーズを加えてみたり。たとえば、華やかなビジューの刺繍糸を、あえてゴールドからシルバーに変えてみたり。

毎年毎年、この「ワン モア ヴェルニカ」は、ハンドでしか表現できない、より時間のかかる凝った物作りへの挑戦となっています。機械式の大量生産では表現できない味や風合い、そしてなにより贅沢な気持ちを伝えることができたら、という夢をこめて。

― Velnicaデザイナー

01

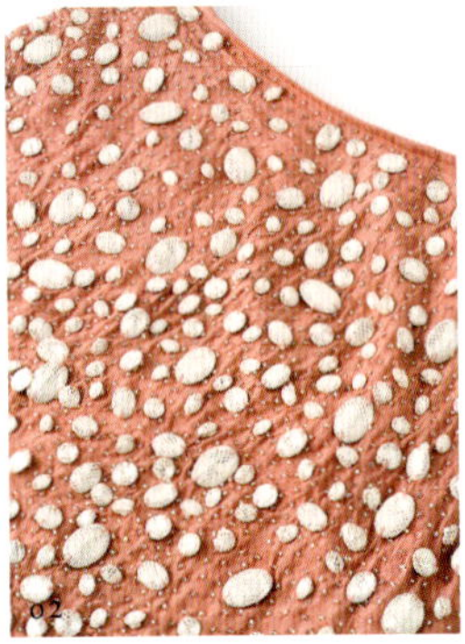

02

01.ひとつひとつカギ針を刺して細かいデザインに仕上げていく、インドならではの手法の"アリ刺繍"。02.チュールでくるまれた大中小のビーズが全面に散りばめられているスカート。03.アンティークのレーステープをイメージソースにデザインされた、ワンピースのウエスト部分。本物のコーラル、ターコイズ、パールを使用。

03

04

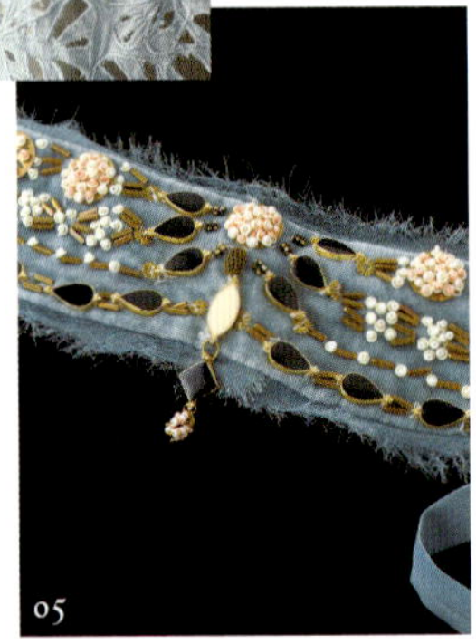

05

04.フラワーの繊細なカットワークデザインが施されたワンピース。05.何種類ものビーズを使用した、立体感のあるデザインのベルト。

06

07

08

09

06&07.金糸やビーズ、スパンコールなどによる繊細な刺繍が施されているインドならではの"ザリ刺繍"。08.クッションのフリンジ部分の中にクリアビーズが散りばめられている。09.シルクツイードの上からチュールを一枚重ねたジャケット。さらに、チュールのフリルワークとビーズで立体感を表現。

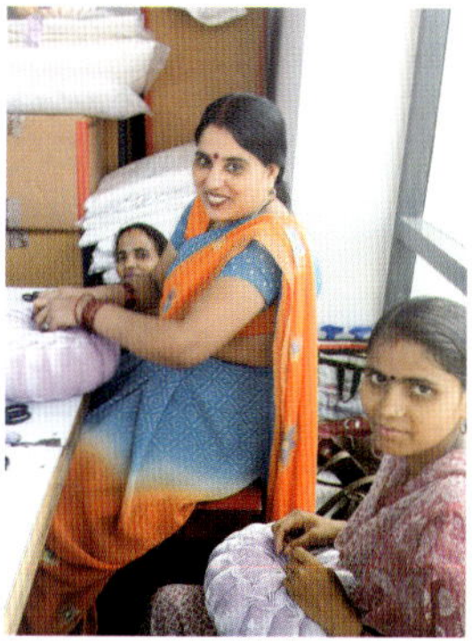

上：コントロールが難しいと言われるインドでの交渉もお手のものだ。右：インドのパーツ素材の種類の多さは圧巻！ビーズやテープ、生地などを買い付け、帰国する際には大きな段ボール5箱分にもなってしまうそう。

Velnicaの服の色彩美と繊細なハンドワークのテクニックが光る“one more Velnica”を支えているのが、8年前のデビュー当初から、商品の生産ラインを担うインド。大量生産とは一線を画す、一点一点を職人がハンドワークで仕上げていくオートクチュールスタイルを得意とする。彼らのハンドワークの技術の高さは、世界の一流メゾンからもお墨付き。多くの名立たるメゾンが絶大な信頼を置き、高い評価を得ている。その時代背景には、イギリス統治時代に世界中のお金持ちがインドに集まり、職人たちがテーラーの技術を高めたという歴史にある。

Velnicaが生産ラインにインドを選んだことのきっかけはデザイナーの八月朔日けい子が、Velnica以前にいた会社が、インドの工場との付き合いがあったことによる。その細やかな刺繍やビジュー使いなどのハンドワークの技術に惚れ込んだのはもちろん、インドの民族衣装のサリーにも見てとれるように、パーツ素材の美しさと種類の豊富さに圧倒されてのことだった。古くからファッションとの関わりの深いインドはデッドストックのアンティークアイテムの隠れた宝庫としても知られる。そのためインド出張の際には、マーケットでのパーツ素材巡りにも余念がない。
世界中の国を旅するVelnicaだが、中でもインドは、常にデザインのインスピレーションを受けている特別な場所だ。

上：細やかな刺繍やビジュー使いは熟練の職人の手によるハンドワークでしか表現されない。
下：インドで買い付けてきたパーツ素材をもとに、デザイナー八月朔日けい子が刺繍＆ビジュー使いのサンプルを仕上げている。

ONE MORE
Velnica

SILHOUETTE

シルエット

ファンの間で、最も人気が高いアイテムがワンピース。胸がトキめくカラーや上質な素材、デザイン性が際立つハンドワークとVelnicaの魅力はつきないが、忘れてはならないのが、誰もが“美人シルエット”を手にすることができる、こだわり抜いたラインの美しさにある。

女性らしいボディラインを生かすためにミリ単位でこだわり、特にラインを作る軸となるデコルテの空き具合、ウエストの位置には妥協を許さない。工場への修正をかけるのも2度や3度では済まないときもあるほど、美しいシルエットにとことんこだわるのが Velnica流。アトリエ内に専属のパタンナーがいることで、より細かく理想のラインを追求できるのが最大の強みでもある。そのこだわりは、ワンピースやボトムスの裾や袖のドレープ感、センシュアルな後ろ姿など、全方位の細部にまでに行き届き“動いたときでも美しいシルエット”をパーフェクトに完成させる。

We repeat modif any times,
It aims to become a beautiful silhouette
Whenever it move

Velnicaでは、外部発注ではなく専属のパタンナーが担当している。実際のイメージと照らし合わせながら、デザイナーを交えてトワルを組んでいく。その場ですぐに細かい修正をかけられるのも、アトリエならではの魅力。

BackStage.3

History *of* Designers

KANA KOBAYASHI & YUKARI KOBAYASHI & KEIKO HOZUMI

デザイナーズヒストリー

それぞれのキャリアを生かして、30歳の時にVelnicaを立ち上げるため集結した三人。同じ価値観、美意識を共有しながらも、それぞれの個性は実にユニーク。
今まであまり公開されることのなかった、デザイナーたちのひとりひとりの“個”のバックステージを、インタビュー、自宅インテリア、共通質問を通してクローズアップ。

KANA KOBAYASHI

小林 加奈

OL ☞ Writer ☞ Velnica Designer

ロンドンのアートカレッジに通っていた頃。創造する面白さを知ったのもこの頃。

オシャレに貪欲だった高校生〜美大時代

オシャレに目覚めたのは高校生の頃。その頃から雑誌が大好きで『Olive』のスナップ隊が地元の仙台に来ると聞けば、人生をかけて（笑）オシャレして撮影に挑んだり、セールとなれば徹夜で並んだり。とにかくファッションに対しての憧れと情熱がひときわあって。ロンドンに留学するのが夢でストリート志向が強かったんです。同じ高校だった（小林）ゆかりちゃんといろんなイベントに一緒に駆けつけて、そこで出会ったのがホズ（八月朔日けい子）。その頃から彼女は着たい洋服のデザインを自分で可愛く作っていて“オシャレな人がいる！”と注目していました。高校を卒業して、東京の短大に進学。Wスクールで洋服のデッサン教室に通ったり、アンダーグラウンドの映画や現代アートの展覧会などに通いつめたりと、いわゆるサブカル女子で、華やかな王道の女子大生とはまったく反対の道まっしぐらでした（笑）。

短大の2年間を経て、一度仙台のゼネコン会社に就職。学生のときに短期でサンディエゴに留学したのをきっかけに、やはり一度お金を貯めて憧れだったロンドンへの留学を実現させようと帰郷したんです。その決意は固くて、ボーナスは全て貯金。いざロンドンに行くことを会社の人に伝えたら、拍子ヌケするくらい“たった一度の人生なのだから、行ってらっしゃい！”と快く背中を押してもらいました。

各国の学生との日々は異文化を知るきっかけに。その後、旅に出る原動力にも！

ロンドン留学を経て女性誌のライターに

憧れのロンドン留学時代は、お金はないけれど、後にも先にも、あんなにも勉強に費やした時間はありませんでした。やはり自分でお金を貯めて留学したからには、学べるものはどんなことでも吸収したかったんです。さらに国境を越えてヨーロッパ中をたくさん旅したり。語学学校に通いながらセントマーチンズ カレッジでグラフィックを学んだり、カルチャースクールでジュエリー制作にトライするなど、色々なことにアンテナを

女性誌のページをはじめ、大手化粧品会社の新ブランドの立ち上げにも参加。

張っていましたね。学校の帰りに美術館に入ったり、週末になれば、アンティークマーケットに足繁く通って、古き良き時代のものに直接触れたり。今思うと、とても贅沢な時間と環境でした。
その頃、学校の単位として認められるワークエクスペリエンスとして、フリーマガジンを手掛ける出版社でインターンとして入ることができたんです。初めて本ができる過程を学ぶことができた時間は今までにない刺激があって、雑誌に関わる仕事に就きたい！ と決意して日本に帰国しました。

帰国後は英語を生かせるということで、海外に本社を置くインテリアショップに勤務しながら、運よく知り合いのカメラマンを通じて、創刊したばかりの美容雑誌のライターアシスタントになるチャンスが巡ってきました。当時半年間くらいは二足のわらじでやっていたんです。朝からインテリアショップで勤務して、帰宅したらテープ起こしなどの資料をまとめる日々。今思うとガッツがありましたね(笑)。その後､雑誌の編集やライター1本で活動していくのですが、もうはじめは衝撃の連続でした。それまでどちらかというと､ファッションもカルチャーもメインストリームなものには背を向けて価値を見出そうとしてきた自分にとって、目の当たりしたメジャーの強さと奥深さに衝撃を受け、イチから価値観をたたき直されました。
そこからは記憶にもないほどに仕事に明け暮れた６年間。ヒルトン姉妹やヴィクトリア・ベッカム等の海外セレブにインタビューできたり、才能のあるカメラマン、スタイリストと一緒に仕事ができたり、第一線の現場で働くことができたのは本当に財産でした。同時に女性誌の特集を企画段階から考えて、写真、キャッチコピーや文章、レイアウト作りなどに必要な感性を、素晴らしい編集者の元で培うことができました。マーケティング、企画力、伝えるコンセプトづくり、ビジュアルから営業力に至るまで、Velnica をゼロから作り出す上でベースとなる全てがそこにあったと思います。連日徹夜で原稿を書くなど、確かにつらいこともありましたが、出来上がった誌面を見たときの快感は何ものにも代え難いものでした。また美容雑誌を経験したことで｢肌を美しく見せる｣という視点から色使いを学んだことは、後に、色彩豊かなVelnicaのバスローブが誕生する道筋になっていると思います。
今でも雑誌への愛情が強い分、自分たちが作った商品がさまざまな女性誌に掲載されたり、コラボレーションで付録を作る機会を頂くたびに感動もひとしお。とても感慨深く、感謝の気持ちでいっぱいです。

03.ダイニングテーブルは、お料理で色彩を演出することもあって、清潔感のある白を基調に。お花もこだわりの白。05.コンソールの上に収納している、お気に入りのジュエリーたち。VelnicaのジュエリーポーチやBOXが大活躍。

Kana's INTERIOR

インテリアのテーマは旅の香りがする空間づくり

01.旅の思い出が並ぶコーナー。02&04.ターコイズブルーにひと目ぼれした中国の骨董家具。ドレッサーとして使用。ゴールドのミラーはIKEA。椅子はフランス製アンティーク。大切な写真は旅先で買った写真立てに飾って。

06&07.大きなミラーはIKEAで購入。モロッコのタッセルを吊るしてアクセントに。08.カーテンはうすいピンクと白のシフォン素材のものを重ねて。太陽の傾きによって、光の透け方が異なるのがロマンティック。09.手前はモロッコで購入したランプ、奥のブルーのランプはインドのもの。窓際のデコレーションとして活用。10.プフの上には、息子の成長が分かるファーストシューズからの靴を並べてコレクション。11.リビングはトルコ製の絨毯とコンランのソファーをメインに、色々な国のインテリアをMIX。

Velnicaデザイナーに聞く共通質問 20

Q.1

今までのVelnicaのアイテムで、特にお気に入りのものは？

ツィードコートと
マゼンタカラーの
マキシワンピ。

Q.2

小さい頃の夢は何になること？

絵描き。

父親が画廊を持っていたので、子供の頃から影響を受けました。

Q.3

好きな国はどこ？

モロッコ：留学していた20歳のときに訪れたのが最初。アラビックな色調、建築のフォルムの美しさに刺激を受けました。

上海：ヨーロッパの香りのする異国MIX感が好き。シノワズリテイストのインテリアも好きで集めています。

ロンドン：2年間留学していた第二の故郷。行くとホッとする場所。

ロンドン留学中よく通っていたヴィクトリアアルバート美術館内のカフェ。ビュッフェがオススメ！

Q.4

これから行ってみたい国はどこ？

南米に行ってみたい！！
【メキシコ】独特の色の世界を体感したい♥【ペルー】世界遺産のマチュピチュを見たい！【アルゼンチン】もともと映画『ブエノスアイレス』が好きで、タンゴの衣装、女性の美しさに魅かれます。

Q.5

東京で好きな場所は？

Velnicaのアトリエ。

好きなことだけに120%没頭できる場所。

Q.6

感動した色 or 色の組み合わせは？

モロッコの愛宿「Riad Enija」（リアドエニア）。太陽のエネルギーを吸収したような、鮮やかなVivid×Vividカラーの組み合わせに衝撃を受けました！

海外のインテリア本。インテリアだけでなく、色の組み合わせの参考になります！

Q.7

個人的に気になる色は？

奥行きを感じるようなアンティークブルーとコーラル。

Q.8
憧れの女性像

迷いを確信にかえられる人。許す力のある人。笑いとばせる人。

Q.9
好きな花は？

クチナシの花。
ラナンキュラス。

Q.10
旅先に持っていくのに欠かせないものは？

SHIGETAのローズバスソルト。
ジョー マローンのホワイトジャスミンのバスオイル。シャネルのボディクリーム。
家族の写真。

Q.11
好きな映画は何？

『ズーランダー』／元気がない時に観ると、純粋に笑えて脳天気になれる！
『シェルブールの雨傘』／衣装や風景など、映画の色彩の美しさに見入ってしまう。ヘアメイクも参考にしてます。

Q.12
今、欲しいものは？

両親と共に住める家。息子との旅の時間。

Q.13
ついチェックしてしまうブランドは？

シャネル／カメリア、ビジューなど職人のハンドワークの技術にうっとり。まるで美術品を見ているような気持ちにさせられます。
レキサミ／他にはない、オリジナルなクリエーションを尊敬してます！
J.CREW／痛快な色使いが、とにかくキレイ。

Q.14
お気に入りのレストランは？

広尾にあるイタリアンの「イル ブッテロ」。南仏のようなインテリアがすっごく可愛い。大切な女友達と行きたい、とっておきの場所。

Q.15
それぞれのデザイナーの魅力は？

ゆかり／慈愛の人。人間の本質を見抜く力。面倒見の良さ。全てに依存しない精神力。
八月朔日／疑わぬ力。すぐ寝られる精神力。 地位や名誉に全く興味のない我が道っぷり。

Q.16
愛用の香水

ディオールの『Diorissimo』。自分にとってのファースト香水。胸がトキめくスズランの香り。他に浮気しても、いつもこの香りに戻ってきてしまいます。

Q.17
座右の銘

『笑う門には福来る』

笑う人が一番強いと思う！Velnicaも苦難なときもあるけど、みんなの笑顔があるから前に進んでいける。

Q.18
お気に入りのCD

Nina『at the village gate』黒人の女性の深みのあるアルトヴォイスが心にしみます。
一日の終わりに聞くと、クールダウンして優しい気持ちに。

Q.19
好きな小説

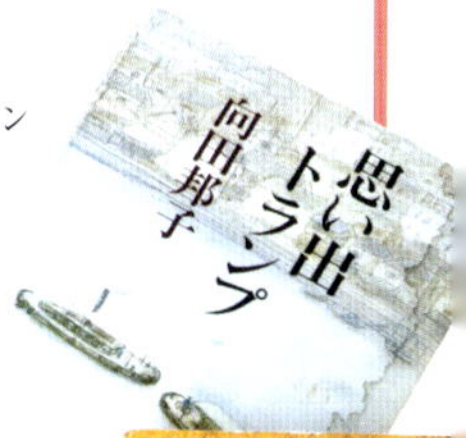

向田邦子『思い出トランプ』日々の何気ない日常生活の中に、深く頷ける情景描写の上手さが魅力。短編集とは思えない、ストーリーの奥深さ。

宮本輝『錦繍』もう何度も読み返している小説。人生の深みを感じさせる、言葉の美しさが好き。

Q.20
プライベートで一番好きな時間は？

土曜日の朝。
家族が揃って朝食をとり、1日を穏やかにスタートできることに幸せを感じます。

YUKARI KOBAYASHI

小林 ゆかり

Model ☞ Apparel PR ☞ Shop Staff ☞ Velnica Designer

モデル時代、22歳くらいの頃。ファッションはまだまだカジュアル一辺倒でした。

いろいろなファッションに チャレンジした高校時代

高校生の頃は、街の中心に学校があったこともあり、同じ高校に通っていた（小林）加奈ちゃんと、放課後に一緒によく古着屋巡りをしていました。その頃からファッションへの興味が大きかったので、とにかくいろんなスタイルにチャレンジするのが楽しくて……。古着を買って、お金がないなりに工夫しながらコーディネートを考えていたので、今よりももっと純粋にファッションを楽しんでいたような気がします。

夢中になってファッション雑誌を読んでいた当時、ヘアメイクの仕事に憧れて、高校卒業後には東京の美容学校へ進学しました。

東京の美容学校に通いながら モデルの仕事をスタート

美容学校は、美容師の免許を取得するためのカリキュラムが主流で、メイクに関する授業はほんの数時間。“これでいいのだろうか？”と悩んでいたとき、知り合いの方にモデル事務所を紹介され、モデルの仕事をスタートしました。

そして学校を卒業する頃には、モデルの道でがんばっていこうと決意していました。

モデルを始めた頃は、ひたすらオーディションを受け続ける日々。雑誌よりも広告やCMの撮影がメインでした。当時は、流行を追いかけてはいたけれど、いわゆるコンサバなファッションには縁がなかったんです。でも、仕事で普段は手にしない服を着させてもらったり、いろいろな国を訪れることができたのは貴重な体験でした。自分に似合うもの、似合わないものの判断ができるきっかけになったと思います。モデル時代は現場に行けば、今まで会ったことのないジャンルの人に出会えたり、とにかく初めての経験が多く、知らない世界のことばかりで、毎日が新鮮で刺激的でした。

モデル時代、CM撮影で海外にいくことなども。

興味のあったアパレルの世界へ

26歳くらいまでモデルの仕事をしていたのですが、広告代理店に勤めている知り合いの方から、ニューヨークブランドの日本進出の話を聞きました。デザイナー自身がすごくヴィンテージ好きで、世界各国のアンティークマーケットで集めた素材を使用した魅力的なブランド。ぜひ参加したいと思い、携わることになりました。もともとアンティークに興味があったので彼女のつくり出す世界に刺激を受け、共感することも多かったです。
アパレル業界に関しては右も左も分からなかったのですが、立ち上げ当初ということもあって、買い付けでニューヨークに行かせてもらったり、今思うと、重要な仕事を任されていたように思います。当時はパソコンにも一切触れたことがなかったので、新しいことの連続！ 仕事の内容は、スタッフが少人数ということもあって、海外との交渉、商品管理、営業、PRと、多くの業務を掛け持ちしていました。そこで初めて、ひとつのブランドがお客様の手元に届くまでの一連の流れを知ることができたんです。それが今のVelnicaに全て繋がっていると常々、実感しています。
その頃には、自分が好きな服と似合う服が近づいてきて、理想とする世界観や女性像がよりクリアになってきたように感じました。
そしてアパレル会社に勤めて2年くらいが経った頃。次のステップに進みたいと思っていたこともあって、加奈ちゃんとホズ(八月朔日)の3人で、Velnicaについて構想し始めていました。

モデル時代にお世話になっていた白金のセレクトショップのオーナーと一緒にイタリアへのバイイングに。

白金のセレクトショップで
働きながらVelnicaの活動を

アパレル会社を辞めてからは、モデル時代にもお世話になっていた事務所の先輩が経営する、白金のセレクトショップで販売員をしていました。Velnicaがスタートして軌道に乗るまでの3年くらいは、無給だったので、平行しながら生計を立てていたんです。
オーナーがバイイングする際にイタリアに同行させてもらったり、接客の大切さを学ばせてもらうなど、勉強になることばかり。多くの方にいただいたご縁で繋がった経験のひとつひとつが、今のVelnicaで、すべて役立っています。
私は、もともと先のことを考えるタイプではないので、その時その時の気持ちを大切にして、好きなことを追い続けてきました。その結果が自然に今に繋がっているから不思議。頼もしいスタッフに恵まれて、好きなことを仕事にできている幸せを、今は実感する毎日です。

01. 日当たりの良いリビング。ベルベット素材のネイビーのソファーにライラック、イエローをアクセントに。02. 好きな写真集もインテリアの一部に。03. 中国製アンティークのお盆の上にスキンケアを置いたりと、パウダールームはスッキリした空間に。

Yukari's INTERIOR

好きなものだけをコラージュしたような、
特別な場所

04. 日本で購入したアンティークのキャビネット。キャンドルホルダーや香水瓶など好きなものをディスプレイ。05. オフホワイトのヴィンテージドレスにVelnicaのフリンジバッグをディスプレイして、魅せるインテリアに。06. アンティークの扇子の写真集やジュエリーなどを集めたコラージュの世界観。07. アンティーク物の和食器をコレクション。日本独特のカラーに魅かれます。08. ジュエリー&アクセサリーコーナー。09. サイドコーナーには、帽子やアクセサリーを。

Velnicaデザイナーに聞く共通質問 20

Q.1

今までのVelnicaのアイテムで特にお気に入りのものは？

バスローブとマキシワンピース。

Q.2

小さい頃の夢は何になること？

舞妓さん、花火師、花屋さん。

映像で見た舞妓姿に憧れて、小学生の頃は舞妓さんになりたいと思っていました！

花火師は打ち上げ花火を見て感動したのがきっかけ。みんなで楽しんで花火を見る夏の夜が大好きでした。

Q.3

好きな国はどこ？

フランス：大人が豊かに暮らしている成熟した文化が魅力的。

モロッコ：赤土の中に広がる"色！の世界"に刺激を受けました。

日本：海外に行くようになってから改めて日本の伝統文化の素敵さを再認識するように。まだ途中段階ですが、日本の文化をもっと知りたい！

Q.4

これから行ってみたい国はどこ？

スペイン、アルゼンチン、台湾、ベトナム、ギリシャ。

フラメンコ、建築、食……興味のあるものがたくさんあるのはスペイン。

次にバカンスに行くならギリシャ島。

Q.5

東京で好きな場所は？

明治神宮。 都会の真ん中にありながら、自然が感じられてホッとできる場所。凛とした静寂さも好き。

Q.6 感動した色 or 色の組み合わせは？

『ティム ウォーカー写真集』色はもちろん、その世界観全てが感動でした！

「もてなす悦び展」は、現代にはないキレイな色合わせが魅力のアンティーク食器や絵画など、おもてなしをする素敵な空間に目を奪われました。

Q.7

個人的に気になる色は？

紫、ピーコックブルー、ヌーディなピンク。洋服でもインテリアでも、やわらかい色にぴりっと紫を効かせることが多いかな。

Q.8

憧れの女性像

柔らかさと強さを併せ持った女性。

Q.9

好きな花は？

芍薬。

ミモザ。

Q.10

旅先に持っていくのに欠かせないものは？

小説と、英国のアロマブランド「アロマセラピーアソシエイツ」のバスオイル。

愛用のジュエリー。

Q.11

好きな映画は何？

『髪結いの亭主』／全てが官能的で美しい、大好きな映画です。
『歓楽通り』／劇中の幻想的な映画美に惹かれます。

Q.12

ついチェックしてしまうブランドは？

真っ先にチェックするコレクションはヴァレンティノ。ロンドンを訪れたときに展覧会を見て、繊細な職人のハンドワークの技術がつまっていて、改めて素敵だなあと感動しました。

Q.13

今、欲しいものは？

京都の町屋のような、**味わいのある平屋の日本家屋（笑）**がいつか欲しい。

Q.14

お気に入りのレストランは？

広尾にあるフレンチの「LA.VEILLE」。シェフが一人でやっているカウンター席のみのお店。
何を食べても美味しい！ 大人のお客さんが多く、落ち着いた雰囲気も好き。

Q.15

それぞれのデザイナーの魅力は？

加奈／ユーモアと自由さ！
八月朔日／いろんな意味での素直さ（笑）と、細かい仕事も淡々とやってのける精神力！
そして2人に共通して言えることは、どんな状況でも楽しんじゃう心の持ち主。

Q.16

愛用の香水

『BERDOUES
Violette Divine
EAU DE PARFUM』
女性らしく可憐なやわらかいスミレの香り。ボトルのデザインも魅力的。

Q.17

座右の銘

『日々の中にも贅沢や美しさがある』

ささやかなことにも、たいそうなことにも、そう感じることができる心を持っていたいと思っています。

Q.18

お気に入りのCD

『CAFÉ DE PARIS』
フレンチ系シャンソンを中心に入っているオムニバス。ストーリー性のある叙情的な音楽で、耳に心地よく残ります。

Q.19

好きな小説

小説はバスタイムに、じっくり読むことがほとんど！ なのでカバーを外してしまうのが習慣（笑）。

山本兼一『利休にたずねよ』／日本の文化であるお茶の世界のお話。読み応えがあります。

伊集院 静『いねむり先生』／人生の奥深さが染みる、静かであたたかい男同士の友情の在り方に感動。

宮本 輝『錦繍』／とにかく言葉が美しい。読むたびに心が洗われます。

有吉佐和子『悪女について』／多面性を秘めた女性の心情の表現に共感。

小池真理子『恋』／初めて読んだときは衝撃を受けました。いろんな愛の形があるのを実感。

Q.20

プライベートで一番好きな時間は？

家族、彼、友達など、大切な人たちとゆったりとした時間を過ごしている時が贅沢だなあと思います。

HOZUMI KEIKO

八月朔日けい子

Apparel Designer → *Velnica Designer*

前職では年に数回インドとタイに出張。1シーズンに100型以上もデザイン&管理し、キャリアを積んだ。

小さい頃からの夢はデザイナー 服飾系短大を卒業後、ロンドンへ留学

実家が洋服店を経営していることもあって、物心ついた頃からファッションは身近な存在でした。小学校高学年の頃には自分でスカートを作ってはいたり、中学生で将来デザイナーになりたい！ という確固たる夢を持っていました。

加奈ちゃんとゆかりちゃんとは高校時代から仲がよくて卒業後、それぞれ上京してからも一緒にクラブに行ったり、旅行に行ったりと密な関係でした。高校卒業後は東京の服飾の短大に進学。デザインの勉強からパターンの引き方、ファッションの歴史をイチから猛勉強。真面目に授業に出席し、ブラウスやジャケットなどの制作や課題も、自分が納得するものを仕上げるために試行錯誤を繰り返していました。また、学生時代はいろいろな国を旅するチャンスにも恵まれました。中でもロンドンは、格式ある伝統と、新しいカルチャーがどちらも尊重されて絶妙に交じり合っている環境に深い魅力を感じていました。短大を卒業した後は、一度仙台に戻り、実家の店を手伝っていたのですが、やはりロンドンへの思いが断ちきれず留学を決意。語学を学びながらファッションの学校にも通っていました。ロンドン カレッジ オブ ファッションという、世界中の学生がファッションを学ぶために集まっている学校だったので、もう毎日が刺激的で。そこで出会ったフランス人の女の子がかなりのインド通で、インドへの興味や憧れを持ち始めたのもその頃。後に就職したアパレル会社の生産ラインがインドだったことには、今となっては運命を感じます(笑)。

インド好きになるきっかけを作ってくれた、ロンドンのファッションスクールで一緒だったフランス人の友人。彼女も今ではデザイナーに！

仙台のアパレル会社で 夢だったデザイナーに！ インドの工場と深いつながりを持つ

ファッションの工程を十分に学んだ後、次は仕事として実践したいという思いが強くなり、1年ちょっとで帰国。アパレル企業の就職口を探していたところに、祖母がオススメのお店を見つけてきてくれたんです。

祖母は昔からオシャレが大好きでモダンな人だったのですが、そのお店は、驚くほど私の好み通りのテイストで！　アジアからの買い付けアイテムや和食器、そして自社生産のオリジナルブランドを取り扱うお店だったのですが、まさにその生産ラインのひとつにインドがありました。そのお店に就職後は、上司の女性と共に度々インド出張に行き、生地やパーツのマーケット巡り、サンプルや商品のチェック、価格の交渉など、コントロールが厳しいとされるインドの工場との一連の流れをたたき込まれました。一方で、初めて訪れた時から街に溢れる色や美しいハンドワークの世界、愛情深い人々など、インドの魅力の虜になって、今では第二の故郷のような存在になっています。

その後、デザイナーとしての業務も加わり、デザインから生産管理までの全てを任されていたので、生地の織りや染めについての知識や、海外との輸入業務など、今につながるかけがえのない経験をたくさんさせてもらいました。この時に築いたインドの職人たちとの信頼関係のおかげで、Velnica がスタートした時もインドの美しい職人の技術を思う存分に活用することができました。

29歳まで仙台の会社に勤めたあとは、いよいよVelnicaの活動がスタート。今では私も東京に住んでいますが、アトリエを構えるまでは、仙台でインドとのやり取りをしながら、デザイン制作期間や展示会のときだけ上京するスタイルをとっていたんです。Velnicaのパターンを担当している梁取も、以前、仙台で同じ職場だった方。上京してVelnicaのスタッフに加わってくれて心強い限り。本当に感謝です。

人間、イメージすると、どんな夢も叶うというか、不思議といろいろな縁が重なって、今の Velnicaに辿り着いているような気がします。

仙台でのデザイナー時代。デザインの型数も多く大変なときもあったけれど、あの時代があってこその今!!

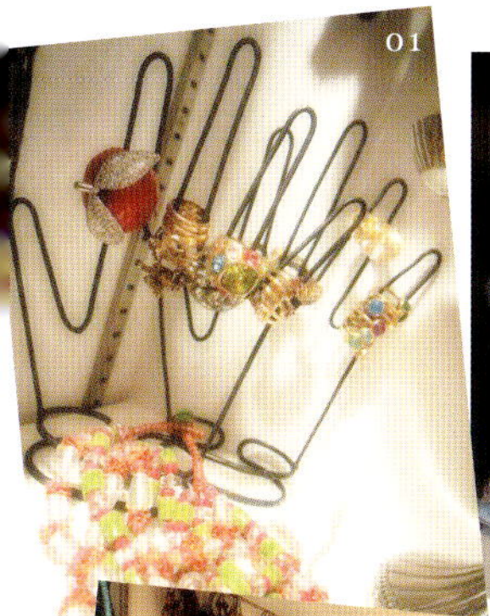

01

03

02

01&02. 大ぶりのジュエリー好き。03. インド、メキシコ、モロッコなど旅先で購入したものや旦那さんのアウトドア用品をミックスしてディスプレイ。04.Velnicaアイテムをはじめ、カラフルなクッションがアクセントになっているリビング。05. 写真集コーナー。イラストやインテリア、ジプシースタイルの写真集が多い。

04

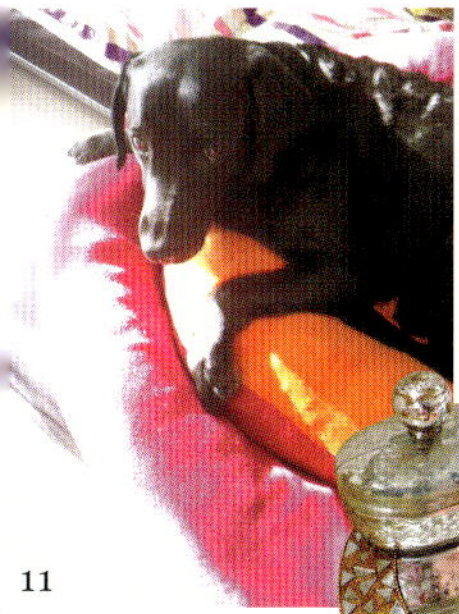

11

10. フランスで購入したスウィートカラーがカワイイCARONのパフ。11. 愛犬のハッピー♥

10

Keiko's INTERIOR

異国のMIXテイストでオリジナルスタイルに

05

06. 玄関。テーマは砂漠とオアシス。07&08. 自宅のバーキャビネット(笑)。ワインと日本酒などを、骨董市で集めているグラスと一緒にディスプレイ。アンティークのシノワズリテイストの食器棚。09. ベッドルームも色をポイントに。ベトナムで購入したカバーがお気に入り。

09

08

07

06

Velnicaデザイナーに聞く共通質問 20

Q.1

今までのVelnicaのアイテムで、
特にお気に入りのものは？

シルクシフォンのロングドレスとシルクシフォンのポンチョ。

どちらも旅先でとても重宝するアイテム！コンパクトにたためて、バスルームに一晩かけておけば皺もきれいに取れるし、昼間は水着の上にサラッとカジュアルに着たり、夜はドレスアップのコーディネートに。

Q.2 小さい頃の夢は何になること？

ファッションデザイナー。

夢を叶えました！

Q.3

好きな国はどこ？

私にとって第二の故郷、インド。
行くと体調が良くなるほど(笑)。

Q.4

これから行ってみたい国はどこ？

フランスのナントと言う街に拠点を置くパフォーマンス集団“Royal de Luxe”の巨大マリオネットのフェスティバルを訪れたい。巨大でリアルで繊細なマリオネットを、まるで小人になったような人間が身体いっぱい操る……という不思議な世界！

Q.5

東京で好きな場所は？

鶴川街道の側にある「武相荘」。門をくぐると現れる茅葺屋根の白州次郎と正子が暮らした邸宅。日本古来の農家の家なのに、土間をタイル張りにしてキリムのカーペットにソファーをおいた応接間、正子の審美眼にかなった骨董や着物、次郎が作ったユーモア溢れる日曜大工品……。本物の和と洋が二人のセンスでミックスされた素敵な空間。四季折々の自然もとても心安らげるお気に入りの場所。

Q.6

感動した色 or 色の組み合わせは？

アンティーク着物。
日本の伝統色には意味合いがあったり、季節を表現したり……、とても豊かで繊細な美しさがあります。
結婚式で大正時代の着物や和菓子など日本の伝統的な色に触れる機会があり、改めて日本の美しさに感動！

Q.7

個人的に気になる色は？

ベルベットや漆黒の深い黒、パープル、グリーン、ゴールド。コロニアル風カラー。

Q.8 憧れの女性像

他にはない
その人独特の個性を
持っていて、
いくつになっても
好奇心旺盛で
愛情溢れる女性。

Q.9 好きな花は？

スズラン。小さな丸いお花がなんともキュートで白とグリーンのコントラストが上品……なのに毒がある！という2面性も好き。

Q.10

旅先に持っていくのに欠かせないものは？

バスタイムに欠かせないアイテム。小さめのキャンドル2,3個とサンタ・マリア・ノヴェッラのバスオイル「リラックス」。

Q.11

好きな映画は何？

『エマニュエル婦人』／映像の色、ファッション、インテリア、タイで撮影されたエキゾチックな雰囲気。
『I am Sam』／何度見ても感動でハートウォーミング！ 思い出しただけで涙が溢れる。

Q.12

今、欲しいものは？

1日48時間。

Q.13

ついチェックしてしまうブランドは？

シャネル／毎シーズンハッとする様なコレクションで、CHANELの素晴らしいハンドワークもとても勉強になる。
ブランドではないけど、スタイリストCatherine Babaはついついチェックしてしまう気になる方。

Q.14

お気に入りのレストランは？

表参道にある日本料理「しろう」。
古民家の落ち着く内装に骨董の器。季節折々の美しい一皿一皿にいつも感動！ 板前さんの芸術的な包丁裁きで盛られたお料理は、どれも絶品でお酒が進む。

Q.15

それぞれのデザイナーの魅力は？

加奈／止まってはいられない、突っ走る行動力。
ゆかり／私と加奈ちゃんの抜けた穴をキッチリ埋めてくれる頼もしさ。

Q.16

愛用の香水

PENHALIGON'Sの『LAVANDULA EAU DE PARFUM』

Q.17 座右の銘

『Life is like an ice cream, Enjoy it before it melts!』

数年前にインドの友人からニューイヤーのメッセージに贈られた言葉。本当に人生はアイスクリームのように、あっという間な気がするからどんな時も思いっ切り楽しまなくちゃ！笑顔があるから前に進んでいける。

Q.18

お気に入りのCD

マーラー『交響曲第5番』旦那さんが付き合って初めてのお誕生日にプレゼントしてくれた思い出のCDで宝物。とても美しい曲に心洗われます。

Q.19

好きな小説

伊坂幸太郎『オーデュボンの祈り』地元・仙台のお話で、きっとこの場所はあそこだなーと分かるのも楽しい。

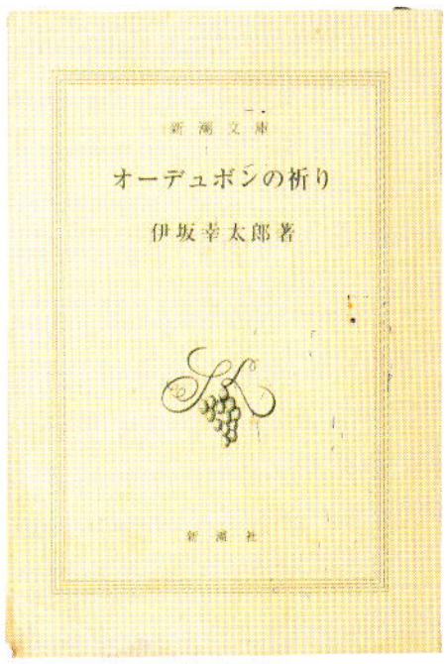

Q.20

プライベートで一番好きな時間は？

旦那さん&愛犬と一緒にキャンプで過ごす休日。カヌーに乗ったり、ハンモックで昼寝したり、自然の中で過ごす時間が好き。

L.D.

Chapter

4

Little Luxury

POUCH, KIDS, JEWELRY, RING PILLOW, RIAD VELNICA

リトル・ラグジュアリーな
アイテムたち

Velnicaがブレイクしたきっかけのひとつに、洋服だけでなく、ブランドのフィロソフィがたっぷりと詰まった小物アイテムがある。
小さいサイズにVelnicaのテクニックがふんだんに施されたポーチ、大人と同じデザインを贅沢に再現したキッズアイテム、Velnicaらしい色使いが光るジュエリー……etc。

大人の女性を思わずキュンとさせるラブリーアイテムたちは、大切な友人や自分へのギフトにしたいものばかり。いつもの日常を、さり気なくドレスアップしてくれるLittle LuxuryでLittle Happyなアイテム。

何パターンものチュール素材のリボンが美しい
ジュエリーポーチ。

夏のベストパートナー
タッセルクラッチ。

パスポートケースとしても♥
ビジューポーチ。

Pouch

ポーチ

完売続出のポーチの中には、シーズン問わずに
継続しているアイテムもある。
あらゆるシーンにマッチするデザインのマルチポーチは、
コスメはもちろん、母子手帳入れとしても大活躍。
そして、ジュエリー好きなVelnicaの「もっと機能的で
デザイン性のあるポーチを作りたい！」という気持ち
から完成したジュエリーポーチ。
どれもデザインへのこだわりはもちろん、
内側にシルクを使った贅沢な仕様も
very Velnica !

コロンとした
フォルムがキュート。

大ブレイクした
完売のポンポンポーチ。

ドット柄のチュールに繊細なビ
ジューワークがフェミニンな印象。

ヴィンテージライクな
デザインのマルチポーチ。

ザリ刺繍のハンドワークが光る
ベルベットのポーチ。

<2010 A/W Image Visual>

Velnica's Little Lady World

Kids

キッズ

大人と一緒のデザインを子供用にアレンジした、
もはやキッズ服ならぬ“小さなレディ”のためのファッションアイテム。

ロマンチック＆キュート。
チュールのセットアップ。

ツイード×ヴィンテージリボンは
スペシャルな日に♪

夏が楽しくなるコットンワンピ。

60s なリボンワンピース。

大人も持ちたい！ビジュー使いのリュック。

細部にまでこだわったツイードコート♥

フードの飾りも大人と一緒。カラフルポンチョ。

Jewelry

ジュエリー

Velnicaの洋服の世界観を、より広げてくれるのがジュエリー。パリ、ロンドン、インドなどのマーケットで買い付けたアンティークジュエリーから、Velnicaオリジナルの色石がアクセントになった繊細なジュエリーまでを幅広く展開。その人らしさを垣間見せてくれる小物は、例えば、同じワンピースでも、全く違う表情にする力を持つ。ファッション同様、ジュエリーもタイムレス＆スペシャルに。

Necklace & Bracelet

ネックレスとブレスレットでコーディネートできるのも魅力。ネックレスは1連 or 2連も楽しめる長さに。ブレスレットは重なり合う4連のボリューム感のあるデザイン。

Pastel Color Bracelet

やわらかい色のトーンのリアルジュエリー、カラフルなワンピースやシックなモノトーン服のアクセントにも！

Vintage Items

ワンランク上の演出をサポートしてくれるのが、パリのマーケットで買い付けてきたヴィンテージのピアスやブローチ。アンティークならではのゴールドの色合いや繊細なデザインにうっとり。

Swinging Pierce

贅沢なまでにリアルストーンを散りばめたフリンジピアスは動いたときに揺れるアクションで女性らしい表情を演出。

Velnica Wedding Item

Ring Pillow

リングピロー

Velnicaらしい色使いに繊細なハンドワークの刺繍が美しいリングピローは入荷する度に、即SOLD OUTを繰り返している人気殺到のアイテム。

女性にとっての大切な一瞬を演出するウエディングアイテムとして口コミで噂が広がり、ウエディング会社からも問い合わせが入るほどラブコールが絶えない、幻のリングピローとなっている。

孔雀のつがいをモチーフにした、シルバーの糸で丁寧に刺繍されたデザインは一生に一度のウエディングにふさわしい、贅沢な一品。

Interior

Riad Velnica

リアド・ヴェルニカ

”プライベートの時間こそ大切したい”というVelnicaのブランドコンセプトは、デビュー当初から現在まで全くブレがない。

心地いい色と素材に包まれたルームウェアは、潤いのある空間があってこそ完成するもの。2008年に訪れたモロッコのリアド(ホテル)に衝撃を受け、その後展開されることになったインテリアラインの“Riad Velnica”はどこかヴィンテージライクで、スウィート&エキゾチック。コージーな空間を360度サポートしてくれるアイテムは大人気のクッションをはじめ、ベッドスロー、オーナメント、海外で買い付けたインテリア雑貨など、幅広いラインナップとなっている。

世界各国からインスピレーションを受けた、ミックス感溢れるアイテムは、時空を超えたとびきりスペシャルな空間を演出してくれる。

Ornament

やさしい色を奏でるシフォンオーナメント。カーテンの間や天蓋から吊るしたり、パーティーのデコレーションアイテムとしてもマルチに使える逸品。光を通す、うすいシフォン素材で、明るさによってさまざまな表情を演出。

Cushion

旅色を纏った鮮やかな色彩のマカロンクッションをはじめ、“Riad Velnica”の中でも、毎シーズン発売される度に大人気のクッションは、コレクターがいるほど。極上のシルクベロア素材に施された繊細なハンドワークと、ビジューボタンがアクセントになったデザインが、ファンを魅了し続ける。

Chinoiserie Tea set

上海でひと目惚れして買い付けたレトロモダンな上海の陶磁器。艶やかな色使いとクラシックなシノワズリ調のデザインのミックス感が魅力的。プレートはテーブルコーディネートだけでなくジュエリーを置いたりと使い方も自在。

Room Shoes

ルームシューズにもこだわりを。使うほど滑らかになじんでくる、ハンドワークが光る革製のルームシューズ。

<2009 A/W Image Visual>

Talk with *Special people*

Velnicaのデザイナー3人が、それぞれに縁があり、尊敬してやまないクリエイターを指名した贅沢な対談が実現！ 独自の美意識とこだわりを持ち、日々試行錯誤しながら“作品作り”を追究している者同士の本音トークに注目。
対談を通してクリエイターの目線から見た新たなVelnicaの魅力にも迫ります。

Bonus Track

Keita Maruyama
Kana Kobayashi

丸山敬太×小林加奈

丸山（以下M）：加奈ちゃんと出会ったのは3年前くらいかな？ 共通の友人のホームパーティで会ったのが最初だよね。以前からVelnicaのブランドの名前と洋服は知っていたんだけれど。

小林（以下K）：私の学生時代は、一流のデザイナーズブランドを着たい！ というお洒落にとても貪欲な世代で。バイト代を前借りしてでも敬太さんの服を買っていたので（笑）、初めてお会いしたときは“憧れの人だ！”って感動しました。

M：そんな皆さんのお蔭で、今があります（笑）。最近、Velnicaを含め、20代、30代の若い世代のクリエイターの女の子たちがすごく頑張ってるよね。自分も28歳でブランドを立ち上げたこともあって、そういう女の子たちが好き。

K：敬太さんは、夢に向かって頑張っている子たちに対して、常に門を広く開けてくれて。制作する上で同じ目線になって、喜びも苦しみも感じてくれるのが本当に有り難いですね。

M：物を作る人間の悩みって、意外と同じ立場になってみないと分からなかったりするよね。あと、Velnicaは自分たちで会社の経営もしてビジネスもやっている。そういう面も自分と重なって、世代を越えてシンパシーみたいなものを感じているんだと思う。

K：買い手だった立場から、作り手としてVelnicaで洋服を作る過程の感情を知ることになった今、そのフィルターを通して改めて敬太さんの服に接すると、より一層、夢を感じて、そこにはもっと深い感動があったの！ 私たちデザイナー3人は、元々敬太さんの服が大好きだったから、知らず知らずのうちに敬太さんの作っている世界観を一生懸命追いかけているな、と最近、気付くことがすごくあるんです。

共通の友人である、ピーチ・ジョンの野口美佳さんの結婚式にて。

M：ありがとうございます。自分もリアル80ｓだった学生時代にKENZOさんの服が大好きで。やっぱりすごいKENZOさんの影響を受けていると思うんだよね。そういう風にちょっとしたファッションのDNAが受け継がれていくのは、すごく嬉しい。

K：ファッションってサイクルが速くて、今ファストファッションの流れもすごいですよね。便利だし、実際に自分も買うことも多い。でもそういう中で、敬太さんは自分が手を掛けた作品をどう守り抜いているのかを前から知りたかったの。

M：いろんなことが増えていくのって、すごくいい事だと最近思う。ただ、それが多様化ではなく、すごく偏っているのがもったいないなって思う。丁寧に手を掛けて作った服って、金額だけいえば高くなっていってしまうじゃない？ 金額って物に対する価値だから、その物で自分が豊かになれたり、いい時間を過ごせるなら、それは自分に対する投資だと思うんだよね。それは服だけのことではなくて、何に対してでも構わない。大人になっていく過程の中で、美しいもの、手がかかっているものが、世の中に存在するということを知らないことが、一番恐ろしいことだと思う。

K：それは本物を見る目を養っていないということですよね。

M：よく若い女の子に言うんだけど、"試着はタダだし、いくらでもするべき！"って。例えば、何故シャネルというブランドが脈々と続いていて、あのツイードジャケットが高いのか。それは実際に着てみないと分からないことだから。そして作り手側も、そういう気持ちを掻き立てるものを作っていかなくちゃいけないんだよね。洋服には、"用を満たす服"と"心を満たす服"があって、その両方が人生には必要なんだよね。だけど自分は、"心を満たす服"を作りたいなって思ってる。

K："心を満たす服"！ Velnicaがこれからも追い求めていきたいものは、まさにその一言にあると思います。

左：丸山敬太×Velnicaのコラボレーションが話題に！
移動型ショップ"Beauty Bar by KEITA MARUYAMA"

Keita Maruyama

ファッションデザイナー。国内外から高い評価を受け、近年ではファッションの枠を越えインテリアのプロデュース等も手掛ける。
www.keitamaruyama.com

Bonus Track

Yoko Hasegawa
Yukari Kobayashi

長谷川洋子×小林ゆかり

小林（以下 K）：本や雑誌で長谷川さんの作品を拝見していて、幻想的で夢のある世界観にずっと魅かれていて。インビテーションを作る時に、ぜひご一緒にお仕事がしたいんです！と私たちが熱い思いを直接伝えたのがきっかけですよね。いざご一緒させていただいて、作品のディテールや工程を知ることができたときの感動はひとしおでした。細かいパーツのひとつひとつにこだわっていて、繊細なハンドワークで丁寧に作品を創り上げて行くスタイルは、Velnicaも目指したいところでとっても共感したんです。

長谷川（以下 H）：ありがとうございます！　私は主にアンティークを使うことにこだわりを持っているんですけれども、Velnicaさんもシルクやリネンなど素材にすごくこだわっていたり、生地の染め具合までイチから創り上げていると伺ってとっても刺激を受けました！

K：長谷川さんに作って頂いたインビテーションは大好評だったんです。額縁に入れてお部屋に飾っています、という声も頂くほど！　Velnicaの世界観を本当に素敵に表現して下さって、私たちも忘れられないインビテーションになりました。

H：Velnicaのみなさんのディレクションにブレがなかったので、とても作りやすかったです。「インビテーションも作品のひとつ。受け取った人の気持ちが少しでも温まるようなものにしたい」という思いには感動しました。

K：実際にVelnicaがコレクションで使った生地と、長谷川さんがお持ちだったアンティークの素材を組み合わせて作って頂いたんですよね。

H：ビーズやストーンなどもサンプルをお借りして制作しました。この時初めて、アンティークではないものをメインに使ったんですけれども“アンティークでなくても、いいものはいいんだ！”って気付かされたんです。Velnicaさんとのお仕事以降、アンティーク以外のものもちょこちょこ使うようになって、私の中で素材への意識が変わるきっかけにもなりました。

K: 私たちもアンティークが大好きなんですよ。時代を超えた物語性が感じられてインスピレーションを受けることが多いんです。

H: 愛しさがありますよね。

K: アンティーク素材を使って一人で作品を創り上げていくのって大変な作業ですよね。

H: 地道です。だから信頼し合えるパートナーがいるVelnicaさんがうらやましいです。

K: アンティーク素材の収集は、どうされているんですか？

H: コレクターさんを通じて、リクエストしたものがあったら連絡をもらうことが多いですね。アンティークフェア等に行くこともありますが、個人的に売っている方のほうが、たくさんの種類のものを持っていることが多いんです。

K: そんな貴重な素材を贅沢に使ってもらって感激です。出来上がったインビテーションを初めて見たとき、Velnicaのマカロンクッションがタイヤに変わっていたり、プレスルームに置いてあるベッドがそのままモチーフになっていたりと嬉しい驚きの連続でした。

Velnica 2012 SS INVITATION／ドレッサーの引き出しを開けたときのジュエリーBOXをイメージ。女性がワクワクするような世界観で大好評を得た。

H: Velnicaさんはトレンドを意識されていないとうかがいましたが、後からそれがトレンドになっていくような、素敵な世界観がありますよね。プライベート感も魅力だったので、テントの中にVelnicaの世界を入れたら可愛いだろうなと思ったんです。

K: 長谷川さんと作ったインビテーションは、人物モデルを使わない初めての試みで、ブランドとしても表現の幅がより広がりました。シーズンやインビテーションとしての枠も超えて、これから先もずっと Velnicaの世界観を象徴するものとして大切にしていきたいです。

Yoko Hasegawa

コラージュ イラストレーター。国境を越えてセレクトした魅力的な素材をベースに創作した世界観は、唯一無二の存在感。
http://www.haseyoko.com/

左：「hair ornament for muse」
右：「spring has come」

Bonus Track

Môko Kobayashi
Keiko Hozumi

小林モー子×八月朔日けい子

八月朔日(以下H)：1年前くらいかな？ モー子さんの作品がファッション誌に掲載されているのを見て、すぐに連絡を取ったんです！ サンプル作りで刺繍をしている時に、ちょうどその記事を見つけて……。もう運命でしたね。Velnicaの生産ラインであるインドの手法とリンクするものがあって。

小林(以下K)：私の手掛ける刺繍の手法は「オートクチュール刺繍」ともいうんですけど、カギ針のことをクロッシェといって、「クロッシェ ドリュネビル」と呼ぶんです。

H：モー子さんのレッスンに1年くらい通うようになったけれど、クロッシェを使った刺繍は私のいつもの手法とは全然違うので、すごく時間がかかるんです。でもいろんな材料とテクニックを使って少しずつ形になっていく過程は楽しい！

K：もっと難しくなっていくと、立体的に刺繍をしたりするんですよ。

H：モー子さんが刺繍の世界に入るきっかけは何だったのですか？

K：元々は洋服のパタンナーをしていたのですが、1999年に渋谷の文化村で「パリ・モードの舞台裏」というモードを支える様々なメゾンを紹介する展示があったんです。帽子職人、羽細工職人、プリーツ職人等、そこに刺繍の工房（メゾン・ルサージュ）も展示されていました。それを見て、私もやりたいと思ったのがきっかけですね。そこから6年くらいかけてお金を貯めて、パリに渡ったんです。

H：パリはオートクチュールの国ですものね。まさに職人のハンドワークの極み！

K：長い歴史がありますからね。とはいえオートクチュールが少なくなってきている今、昔からある工房を存続させるために、シャネル社が少しず

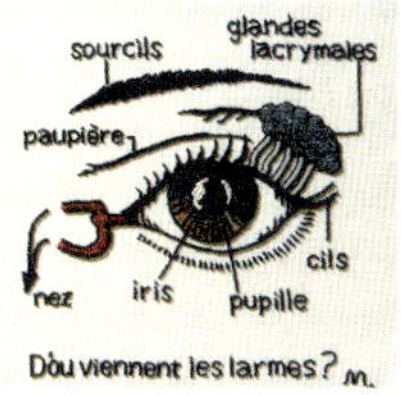

左：「街」小林モー子×大月雄二郎
中：「Une heures et demi（1時30分）」　右：「D'ou viennent les lames?（涙はどこから？）」

つ工房を買収している現状があります。私が行った“Ecole Lesage broderie d'art”という工房も、まさにその一つで、閉鎖されがちな伝統技術を習得しやすくなった時期でもあり、私にとってはラッキーでした。

H：各国から、いろんな人が来てそうですよね？

K：ビッグメゾンの刺繍部門からレッスンに来ているプロフェッショナルな人もいました。伝統技術を継承する、昔かたぎの職人さんたちもたくさんいて、本当に勉強になりましたね。材料も刺繍のテクニック用にあったりするんですよ。

H：アンティークの材料にこだわった作品を作られてますよね。私もパリに行くとクリニャンクールでアンティークのボタンやバックルなどを買い付けてきますが、あの繊細なビーズたちはどこで見つけるんですか？

K：年に2回、フランスに買い付けにいきますが、主に30年代につくられた極小ガラスビーズを探しています。当然ながらこの頃の材料は稀少で見つけるのにとても苦労します。蚤の市なども見ますが、以前70年も手付かずの倉庫へ懐中電灯を持って探しに行ったこともありました。

H：私の場合も、インドでの材料の買い付けは、迷路のようなマーケットを隈なく歩き回って、体力的にはかなり過酷です。でも私にとってそこはまさにパラダイス！　ビーズ、スパンコール、刺繍テープに宝石たち……と、まるで宝探しのような気分ですごく楽しいんです。刺繍に使うビジューも様々な種類があって、メタルや天然石のビーズ、ザリ刺繍に使うゴールドやシルバーのコイルビーズなど、多種多様にあるんです。毎回インドから日本へ送る荷物は大きなダンボールが5箱にもなるくらい！

K：インドにも地方によってさまざまな手法がありますもんね。ミラーワーク刺繍やカシミール刺繍、その中でもアリ刺繍は、同じようなカギ針を使ったテクニックで装飾に使う材料や仕上がりに共通点も多いです。私はVelnicaのお洋服を見ると、可愛い〜！と同時に、そのあまりに繊細なハンドワークぶりに、職人さんの大変さが伝わり、言葉を失ってしまいます（笑）。

1930年代の極小ビーズを使用した、繊細な刺繍アクセサリーが話題に。「Girafe（ジラフ）」「吹き出し j'ai soif（のどが乾いた）」「葉っぱ」「ペケ」

Môko Kobayashi

刺繍家。フランスオートクチュール刺繍をフランスの工房で学び、ディプロム取得。“メゾン・デ・ペルル”でオートクチュール刺繍の教室も開催。http://www.maisondesperles.com

Epilogue

あとがき

今日も、アトリエのドアを開けると、
いつもと変わらない笑顔が待っています。

＜安心できるスタッフとともに、今日の使命を全うできる……＞

このことがどれだけ幸せなことか。
2011年の3月11日からずっと私たちの胸の中にあります。

「Velnicaというブランドのバックステージを
深く掘り下げた、一冊の本を作りたい」
というお話を頂いてから約2年半。
私たちの足並みが揃うまで広い心で待ち続けてくれた福永さん。
長年の友であり、この本の迷路を出口まで導いてくれた根笹ちゃん。
素晴らしい機会を本当にありがとうございました。

この本が少しでも、あなたの明日への創造力を膨らませる
なにかのきっかけになることができたら本望です。
どうかあなたと、あなたの愛する人たちの一日が幸せでありますように。

感謝をこめて。
2013年　初夏
Velnica デザイナー。

Velnica's Charity Candle

東北地方太平洋沖地震により親を亡くした子供たちへ長期的な支援を続けるため、ヴェルニカ・オリジナルのチャリティキャンドルをデザインいたしました。利益は全額すべて「あしなが育英会」に寄付しています。
http://velnica.com/charity.html

Velnica's Staff

3人で始めたVelnicaのアトリエも、今では計6人に。デザイナーが「最強！」と信頼を置く、愛するスタッフたち。

デザイナー　小林加奈

デザイナー　小林ゆかり

デザイナー　八月朔日けい子

プレス　小川晴香

営業　児玉裕紀

パタンナー　梁取知加

Velnica ヴェルニカ

高校時代の同級生3人で2005年より‘女性のプライベートを彩る’をコンセプトにブランドをスタート。美しい色やディテールを追究したデザインが人気を集め、スタイリストやモデルたちから人気が広まり全国区へ。オリジナルのレディース、キッズ、インテリアの他、デザイナーが世界各国で出会ったセレクトアイテムなど、女性のライフスタイルをトータルに発信中。http://velnica.com

Staff

執　筆　　根笹美由紀、小林加奈(Velnica)

撮　影　　小川剛(KONDO STUDIO)、井上由美子(D-cord)、畠山あかり

ヘア＆メイク　　石川ひろ子(mod's hair)

プロップスタイリスト　　松本千広(ART BREAKERS)

ディレクション　　Velnica

コレクションビジュアル
撮影: HIJIKA、ヘア＆メイク: 濱田マサル　＜P 6～7、P 12～13、P 24、P 26、P141＞
撮影: 八木淳、ヘア＆メイク: 濱田マサル　＜P 92～93、P 148＞
撮影: 八木淳、ヘア＆メイク: 中山友恵　＜P 134＞
撮影: 畠山あかり、ヘア＆メイク: AKANE　＜P 134～135＞
撮影: 井上由美子、ヘア＆メイク: 伊藤聡　＜P 106～107＞

Special Thanks　　潮亜希子、高野由子、山崎雅俊、富田英里、神戸健太郎、利宇、
Parveen Malhotra、Kapil Kackar、Prince Chadha、
Rahul Popli、Seri&Rio、Monica、BIDAN、nadY

リトルアトリエ ヴェルニカ

2013年6月27日　第一刷発行

著　者　　Velnica (ヴェルニカ)

発　行　　株式会社 産業編集センター
〒112-0011東京都文京区千石4-17-10

印刷・製本　　株式会社シナノパブリッシングプレス

ISBN 978-4-86311-085-4 C0095